タネが危ない

野口勲

日本経済新聞出版社

生命の歴史を通じて、動物と植物は手を携えて進化してきた。

動物は植物を食べ、植物は動物の助けを借りてタネを生み、移動を委ねて、生存圏を拡大してきた。そして私たち人類の文明も、植物栽培によって生まれた。人類の歴史は、植物栽培の歴史であると言っても過言ではない。しかし今、人間と植物の長い協調の歴史が、崩れ去ろうとしている。人々が何も知らない間に、タネが地球生命の環の中から抜け落ちようとしている。

野口　勲

はじめに

昔は、世界中の農民が、自家採種をしていた。よその土地から入手したタネでも、よくできた野菜からタネを採れば、その野菜はその土地に適応して、その風土に合った子孫を残す。こうした植物の適応力を馴化《じゅんか》と言い、馴化と交雑によって、世界各地にさまざまなその土地固有の野菜が生まれた。

自分でタネ採りをしてみるとよくわかるが、植物が異なった環境に適応し、生育して、土地に合った子孫を残そうとする力は、真に偉大としか言いようがない。よくできた野菜を選抜し、タネ採りを続ければ、普通三年も経てばその土地やその人の栽培方法に合った野菜に変化していく。たとえ土地に以前からあった野菜と交雑したりしても、それはそれで、八年も選抜していると雑種形質が固定し、その土地の新しい地方野菜が誕生したりする。

長野県の野沢菜の先祖が大阪の天王寺かぶだったというのは有名過ぎる話だが、このように野菜が旅をして変化していった例は、新潟のヤキナスのもとが宮崎の佐土原ナスであったり、山形の庄内だだちゃ豆は藩主の移封によって新潟から運ばれたものだという話など、枚挙に暇《いとま》がない。

と言うより、もともと地方野菜とは、よそから伝播してその地の気候風土に馴化した野菜ばかりなのだから当然である。これこそ人間が移動手段を提供したために、旅をしながら遺伝子を変化させ続けてきた、野菜本来の生命力の発露なのだ。

生命にとって変化は自然なことで、停滞は生命力の喪失である。変化を失った生命はもう生命とは言えない。気候風土や遭遇する病虫害に合わせ、己自身の内なる遺伝子に変化を促し続けてきた地方野菜こそ、生命力をたぎらせた野菜本来の姿なのだ。

日本のタネ屋の発祥は江戸時代で、栽培した野菜の中で一番良くできたものはタネ用に残し、二番目を家族で食べ、三番目以下を市場や八百屋さんに売ったことから、近隣の評判を呼び、タネを求める人が多く訪れ、専業のタネ屋が生まれたと言われている。

江戸に種苗店が二軒誕生したのが元禄年間（一六八八―一七〇四年）、フランスの農民がヴィルモラン種苗商会を創業したのが一七四二（寛保二）年というから、東西で同じころ、良いタネを選抜して形質を固定して販売するタネ屋の歴史が始まったようだ。一般の農民は、こうして形質が固定された野菜のタネ（固定種）を買い、何年も自家採種して、その土地に合った野菜にしていった。一九六〇年頃までは、世界中で販売され生産される野菜のほとんどのタネは、この固定種だった。

固定種とは、味や形などの形質が固定され、品種として独立していると認められるタネのこと。農家が自家採種したけれど、交雑などで雑駁《ざっぱく》になり雑種化した、いわゆる在来種と区別するための種苗業界の用語で、言わばタネ屋の自慢のタネである。本書で以後詳しく説明する一代雑種（F1、First filial generation）に比べ、単一系統の遺伝子しか持たないので、種苗業界では「単種」と言われることもある。要するに、大昔から人類が作り続け、タネを繰り返し採りながら品種改良してきた野菜のタネのことだ。

「なあんだ。じゃ、普通の野菜のタネのことじゃないか」と、思われる方がいるかもしれない。しかし、現在スーパーなどで普通に売られている野菜のタネは、ほとんどがF1とか交配種と言われる一代限りの雑種（英語ではハイブリッド）のタネになってしまっていて、この雑種からタネを採っても親と同じ野菜はできず、姿形がメチャクチャな異品種ばかりになってしまう。

明治以後、メンデルの法則により、雑種の一代目には両親の対立遺伝子の優性（顕性）形質だけが現れ、見た目が均一に揃うことが知られるようになった。また系統が遠く離れた雑種の一代目には雑種強勢《ざっしゅきょうせい》（ヘテロシスまたはハイブリッドビガー）という力が働いて、生育が早まったり、収量が増大することがわかった。こうした原理を応用して人工的に作られたタネがF1種である。雑種の一代目だけが揃いの良い生育旺盛な野菜になるので、農家は毎年高いタネを買わなくてはならない。

東京オリンピックを契機にした高度成長時代以後、日本中の野菜のタネが、自家採種できず、毎年種苗会社から買うしかないF1タネに変わってしまった。

F1全盛時代の理由の第一は、大量生産・大量消費社会の要請である。収穫物である野菜も工業製品のように均質であらねばならないという市場の要求が強くなった。箱に入れた大根が直径八センチ、長さ三十八センチというように、どれも規格通り揃っていれば、一本百円というように同じ価格で売りやすくなる。経済効率最優先の時代に必要な技術革新であったと言えるだろう。

これに比べ、昔の大根は同じ品種でも大きさや重さがまちまちで、そのため昔は野菜を一貫目いくらとか秤にかけて売っていた。これでは大量流通に向かないから、工業製品のように規格が揃ったF1野菜に取って代わられた。

固定種は、形質が固定されたとは言っても、一粒一粒のタネが多様性を持っているため、生育の速度がバラバラになる。一斉に収穫できないから、早く畑を空にして次の作付けをすることもできない。一度播いたタネで長期間収穫できるというのは家庭菜園にとってはありがたいことだが、一定規模の畑を年に何度も回転させ、いくら収益をあげるかが生活基盤になるプロの農家にとっては、F1こそが理想のタネになる。

近年、全国の種苗店のみならず、ホームセンター、ＪＡでも、Ｆ１のタネばかり販売するようになったが、野口種苗は全国で唯一、固定種のタネの専門店を自称している。揃いが悪いので市場出荷には向かないけれど、味が好まれ昔から作り続けられてきた固定種は、家庭菜園で味わい、楽しむ野菜にぴったりだ。

自家採種して土地に合った野菜を育てられるということは、有機無農薬栽培や無肥料栽培の畑にも向いているということでもあり、生命本来の無限の可能性を秘めたタネなのである。時代遅れと言われようと、多様性を持ちながら、品種としての純度を高めた意味合いを持つ「固定種」という言葉に、こだわりを持ち続けていきたい。

「一粒万倍」という言葉に示されるように、一粒の菜っ葉《なっぱ》のタネは、一年後に約一万倍に増え、二年後はその一万倍で一億粒。三年後には一兆粒。四年後はなんと一京粒だ。健康な一粒のタネは、こんな宇宙規模にも匹敵する生命力を秘めている。

Ｆ１種は現在、雄性不稔《ゆうせいふねん》という花粉のできない突然変異の個体から作られることが多くなっている。子孫を残せないミトコンドリア異常の植物だけが、たった一粒から一万、一億、一兆、一京と無限に殖やされて、世界中の人々が食べていることを、どれだけの人が知っているだろう。子孫を作れない植物ばかり食べ続けていて、動物に異常は現れないのだろうか。タネ屋の三代目だから感じた素朴な疑問を、しばらく追究してみたい。

タネが危ない　目次

第1章 タネ屋三代目、手塚漫画担当に

第2章

すべてはミトコンドリアの采配

第3章

消えゆく固定種　席巻するF1

第4章

F1はこうして作られる

第5章 ミツバチはなぜ消えたのか

付録

装丁　永井亜矢子（坂川事務所）
写真　有光浩治

第1章

タネ屋三代目、手塚漫画担当に

タネ屋に生まれて

僕は東京都の青梅《おうめ》で生まれた。埼玉県の飯能《はんのう》市という小さな町のタネ屋の三代目として。飯能は農業地帯ではなく、周囲のほとんどが杉やヒノキの植林された山という中山間地、江戸時代から続く林業地帯だ。家の周囲に一反（三百坪）畑があれば大地主という土地柄で、田んぼもほとんどないから、農業経営は成り立たない。

専業農家が存在しないから、高価な交配種＝Ｆ１を大量に買ってくれるお客さんもいない。もともと蚕《かいこ》のタネ屋をしていた本家から次男坊の祖父が分家して、蚕のタネの市街地販売所兼自給用野菜のタネ屋として創業した店だから、販売するタネは自給用ばかりで、取り扱うタネの総量も微々たるものだった。

自給用野菜のタネとして、昔から「固定種」という在来種を中心に扱ってきた。固定種のホウレンソウや菜っ葉は、現在、種子業界の主流となっているＦ１に比べて味が良く、また生育が均一でなく、大きく育ったものから間引きつつ長期間にわたって収穫できるため、まさに自給用として重宝されてきた。

地元で売れるタネの量が少ないので、全国のタネ屋に販売しようと、父の代から五十年以上固定種野菜種子のタネ採りを続けてきた。「全日本蔬菜《そさい》原種審査会」で農林大臣賞を

1949年か50年頃。当時の店先にて

連続受賞していた「みやま小かぶ」を中心に、地元野菜の「のらぼう菜」や、「八丈オクラ」、地這胡瓜《じはいきゅうり》のタネなどは、今でも細々とだが採種している。昔は長人参、長牛蒡《ごぼう》、結球白菜からキャベツまで十数品目の採種をしていた。昭和三十年代までは、固定種の需要も多く、日本全国に広く販売していたが、四十年代からF1の時代になり、生育速度や均一性や周年性で劣る固定種は、出荷用野菜のタネとしてはまったく売れなくなってしまった。

僕は、高校生のとき、「もう固定種のタネ屋はダメだな」と考えていた。

僕が五つのころの店の写真がある。僕は真ん中で三輪車に乗っている。まだ物心ついていない、何を考えているかわからない年頃だ。

この当時のタネはみんな固定種だった。固定種は何世代もかけてその土地の気候風土で選抜淘汰を繰り返してきた野菜だ。雑種強勢という植物の持っている性質を利用して、異なる形質の植物をかけ合わせ、一代限りの優秀さを求めたF1ができる前のことである。

店先に並んでいるタネはみんな固定種で、軒先に出した看板に「一粒一万二千倍」と書いてある。普通は「一粒万倍」という。父親が何で一万二千なんて半端な数を書いたのか知らないが、タネ屋では、固定種のタネといえば、昔から一粒万倍と言って売っていた。自家採種することが前提の時代だった。F1は二代目の形質がバラバラで、それゆえ新たにタネを購入しなければならない。F1の時代になってから、タネを採るということがなくなってしまって、こうした言葉も使われなくなってしまった。

コラム タネ屋の誕生と野口種苗研究所の由来

世界中から日本に伝来した野菜は各地に広がり、風土に適応していろいろな地方野菜、伝統野菜に変化していく。これが自然の摂理であり、鎖国状態の江戸時代になって一気に花開いた。諸大名は参勤交代するときに、その地方の特産野菜を江戸に持っていく。大名屋敷はものすごく広いので、そこで国元の野菜を作ったり、将軍家に献上したりして、各地の「名物野菜」の評判が形成された。当然、江戸勤番の侍に国元の野菜のタネを渡され、栽培を請け負う農民もいただろう。

江戸時代の人口のほとんどは農民である。武士はほんの一握りに過ぎない。しかし江戸の町ができあがって、世界で一番大きな町になり、参勤交代や禄を離れた浪人など日本中の侍が集まってきたために、その人たちの需要を満たす商人や職人とともに、自給自足でなく、他人に販売するための食べ物を作る専門の農家も生まれた。

脚気《かっけ》が「江戸患い」と言われたくらい野菜が貴重だった江戸だから、相当良い値で売れたのだろう。江戸近郊の農村で畑を耕して、武士や町人のための販売を目的とした野菜を作るようになる。各地のさまざまな地方野菜は、やがて関東の風土に適応し、関東に向いた野菜に変わっていく。肥料は江戸の町家や長屋から出る大小便だ。こうして今に名高い江戸の循環型社会が完成するわけだ。

販売用野菜を作っていると、元来、百姓は一番良くできた農産物を一番高く売りたい。しかし農家の中から、一番良くできたものを次のタネにし、次善のものを売って本当にいいものは自分でタネを採って、そのタネを選抜淘汰して育成していく人たちが生まれてきた。近所の人がそのタネを分けてもらい、評判を聞いた人がタネを求めて遠くからも訪ねるようになる。それらの人たちがタネ屋のもとになっている。

江戸中期以後、タネ屋の集落が東京・北区の滝野川というところに生まれた。現在の「みかど協和」の越部家や、「東京種苗」の榎本家、「日本農林社」の鈴木家などのご先祖にあたる。「滝野川人参」や「滝野川牛蒡」などを育てるとともに、日本中のタネを集めて改良し、日本中に売る仕事をするようになる。

明治維新で鎖国が解かれ、外国との貿易が盛んになると、横浜に、外国の種苗を輸入して国内で売ったり、日本の種苗を外国に販売したりする種苗会社が誕生する。「横浜植木」や「サカタのタネ」といった会社だ。国内のタネの流通が活発になると、各地の特産野菜の改良育種に励むとともに、全国に販売網を広める種苗会社も生まれる。京都の「タキイ種苗」、群馬の「カネコ種苗」、宮城の「渡辺採種場」のような会社だ。

野口種苗園は祖父、野口門次郎が、蚕種《さんしゅ》の販売所として、野菜種子販売を併せた形で一九二九（昭和四）年に創業した。当時の武蔵野鉄道（現西武池袋線）に乗って、日本農林社に仕入れに行き、タネを背負って帰っては小分けして売ったそうだ。父、庄治は養蚕技術を学びつつ、西条八十主宰の詩誌『蝋人形』投稿同人（ペンネーム・家嗣）となり、終戦と同時に稼業の野口種苗園に入る。

終戦直後、タネは配給制で粗悪だった。日本中のタネが配給本部に集められ、全国に配分されていた。最初は新しいタネでも、配給元が良いタネを取って古いタネを混入し、都道府県に分配する。地方の役員はまた良いタネを取って、古いタネを混ぜて配布する。そんなわけで、末端のタネ屋に来たときには、芽が生えないような古いタネが相当混じっていた。生えないタネを売ってはお客さんに申し訳ないと、うちの父は「発芽試験器」を考案した。

発芽試験は、シャーレと濾紙で行うのが一般的だが、使い捨ての濾紙に代えて、土と条件が近い素焼きで播き床を作った。プラスチックがない時代なので、セルロイドの容器に入れたものにした。土を焼いた素焼きは、上薬《うわぐすり》がかかっていないから水に浸けると吸水する。タネを並べるだけで発芽するので簡単だし、半永久的に使える。父は、それを日本中のタネ屋で扱ってもらいたいと考え、大手の種苗会社に販売を頼んだ。

しかし「野口種苗園」という当時の名前では箔がなく、扱えないと言われ、「野口種苗研究所」という名前に変えた。だからうちは「研究所」なんて名前をつけているが、単なる普通の種苗店だ。一般の種苗店と異なるのは、F1という雑種のタネでなく、固定種という昔から伝わる純系タネの販売に力を入れていること。父庄治は地元で月刊『飯能文化』などを編集、『花詩集』(野ばら社・東都書房)

などの著書を出し、晩年は作詞三昧（童謡、民謡）の生活を送った。

手塚漫画との出合い

僕が小学校に入学したのは、手塚治虫の『鉄腕アトム』の連載が始まった年だった。小学生時代は、近所の幼馴染たちと購読雑誌を交換し合いながら、ずっと手塚漫画を読んでいた。

鉄腕アトムが連載されていた『少年』は、大家だった食料品店の息子が購読していた。僕は少年ジャンプの前身である『おもしろブック』という月刊雑誌を購読していた。六年生のとき、その雑誌の別冊付録に手塚治虫の読み切り漫画がついていた。この「ライオンブックスシリーズ」と名付けられた別冊付録を読んで、子供ながらに手塚治虫はすごいと思った。

その中に『白骨船長』という作品があった。地球上に人間が増え過ぎたため、子供を抽選で間引いて、白骨船長のロケットに乗せ、月の裏へ捨てに行く話だ。船長の奥さんの子供もクジに当たってしまう。月は死の世界だと思ったら、たくさんの子供たちが元気で暮らしている。放射能によって地球環境がどんどんだめになるから、子供を健康に育てるた

小学生時代から手塚漫画とSFが大好きだった

め、月へ子供を運ぶ計画だったのだ。「これはおれと大統領しか知らない。絶対に秘密だよ」と、手塚治虫は白骨船長に語らせている。子供の世界ではとうてい考えられない漫画だった。

その半年前の一九五六（昭和三十一）年夏に『来るべき人類』というSF漫画が発表された。アメリカがモデルの超大国が、世界八十八カ国の反対を押し切り、新型核兵器「42GAMI（死に神）」の核実験を日本アルプスの上空で行う。日本人は国から追い出されてしまう。「なんでこんなことをしなければならなかったのか」という問いに対し、手塚は「しなければならないことにならなければならなかったからである」とギャグで答える。

子供の僕はゲラゲラ笑うだけだったが、この超大国は「神よ！　世界平和のために実験を成功にお導き下さい」と、爆弾のボタンを押すのである。どんなバカなことをするにも理屈がある、正義のためとか神様のため、平和のために、こういうバカなことをやるのが人類だという強烈なメッセージを、小学校のときに知った。どこか東日本大震災の原発災害、放射能汚染にもつながっている話だと思う。子供たちの日常とは全然違うレベルの考え方があるということを教えてくれたのが、手塚治虫だった。

学校で教わったことより、手塚漫画から教わったことのほうがはるかに多かった。手塚漫画から得たことが、今でも自分の思考回路の根幹にある。

小学時代に手塚漫画に出合い、中学で貸本劇画にはまり、漫画にとりつかれた少年時代を過ごしたが、成績は常にトップクラスを維持していた。

進学校の川越高校に入ったものの、受験勉強がもう嫌で嫌でしょうがなくなった。当時『ＳＦマガジン』という雑誌が創刊されたので、ＳＦの世界に現実逃避した。

高校三年のとき、第一回日本ＳＦ大会が東京の目黒公会堂で行われ、僕も参加した。

そのときの記念写真には、星新一さん、筒井康隆さん、光瀬龍さん、半村良さん、眉村卓さんら後にＳＦ界の大物になる方々がたくさん写っている。この当時、小松左京さんはまだＳＦを書いていなかったので、この中にはいない。僕はここで初めて手塚治虫先生にお会いした。まあ、お会いしたといっても顔を見ただけだが。参加者数十人の記念写真には、手塚先生、石ノ森章太郎さんら著名漫画家が奥のほうに小さく写っている。それなのに無名の高校生の僕が真ん中に大きな顔で写っていて、この写真を見るたび身が縮む思いだ。

虫プロの募集を見て応募、合格

父は「タネ屋なら千葉大の園芸学部へ行け」と言っていたが、僕は受験勉強を拒否していたので、国立の理科系などとても無理だった。それより新聞部で活字のおもしろさに目覚めたから、どこか出版社に入って、漫画雑誌の編集をしたいと思うようになった。そこで私立大学の国文科に進学した。当時漫画学部などというものはなかったので、児童文学でも専攻しようかなどと漠然と思っていた。でも、やっぱり大学生活はおもしろくなかった。大学二年のとき、新聞で虫プロ出版部の募集広告を見つけた。試しに受けてみたら、合格してしまった。

僕は手塚治虫先生のそばにいたい一心で大学を中退し、虫プロに入った。アトムファンの児童向け会報誌『鉄腕アトムクラブ』の編集、それが発展した月刊漫画専門誌『COM』の編集、そして手塚治虫のライフワークである『火の鳥』の初代担当編集者となった。

十九歳で虫プロ出版部に入社したのが、一九六五（昭和四十）年三月二十五日。東京オリンピックの翌年だった。

「先生。今日から出版部に入った野口君を連れてきました」

手塚先生が螺旋階段の上に姿を現すと、山崎邦保編集長は続けて、

「野口君は劇画にも詳しいんです」と言った。庭から上がったままガラス戸のそばに立ちつくしている僕を見下ろして、手塚治虫が二階から声をかけた。

「さいとう・たかををどう思いますか?」

「絵がうまいので、好きです」

「辰巳ヨシヒロは?」

「物語とキャラクターが好きです」

「桜井昌一は?」

「好きではありません」

「山森ススム」

「嫌いです」

「佐藤まさあき」

「大っ嫌いです」

「平田弘史」

「大好きです」

「影丸譲也」

「好きです」

いつの間にか、聞かれた名前に好きか嫌いかしか言えなくなっていた。それくらい貸本漫画家の名前が矢継ぎ早に出てくる。

手塚先生は、ゆっくりと螺旋階段を降り始めた。

「永島慎二」

「大好きです」

「もり・まさき」

「大好きです」

「ダンさんともりちゃんは、今虫プロにいるんだよ」

「知ってます。それも、どうしても虫プロに入りたかった理由の一つです」

いつしか挙げられる名前は五十人をゆうに超えていた。

「今村洋子」

「好きです」

「古賀新一」

「嫌いです」

「浜慎二」

「好きです」

肩が触れるほど手塚治虫が近づいてきて言った。

「ああ、だいたいあなたの好みがわかりました。あなたは残酷モノが好きなんですね」

「え？」

「あなたが好きだと言った平田弘史、白土三平、楳図かずお、この人たちはみんな残酷モノの作者じゃありませんか」

「違います。絵のうまいオリジナリティーのある人が好きなんです。それに、僕が一番好きなのは手塚先生ですが、先生は残酷モノの作者じゃありません」

そう言うと、手塚治虫はワッハッハと吹き抜けの天井を向いて大笑いし、「ま、これからよろしくお願いします」と言って背を向け、再び螺旋階段を昇って行った。

これがそれから二年間、社員でしかも手塚番の編集者という生活を送ることになる僕と手塚社長との最初の出会いだった。

他誌の編集者はお客様だから、泊まり込みでついている間の食事代は、全額虫プロ持ち。しかし、僕は社員で給料をもらっている身だから、アシスタントと同じ自己負担だった。他誌は高額な原稿料を払うが、僕が担当している雑誌は原稿料を払えないか、払っても何十分の一、ページ千円程度という社内原稿だった。

手塚邸に泊まり込み、原稿整理

泊まり込んで、やっと手塚先生に描いてもらえる順番が来ても、他誌の締め切りが過ぎて間に合わなくなると、容赦なく飛ばされ、泊まり込み日数ばかり延びていく。多いときは一カ月のうち二十日以上、手塚邸に泊まり込み、秘書がいない休日や夜間には玄関番や電話番、時には日中一カ月くらい、誰も入れない二階の原稿部屋にこもって、足の踏み場もないほど散らかった昔の原稿の整理に没頭するという、手塚ファンにとっては夢のような時間を過ごした。

僕は子供の頃から『火の鳥』を読んでいたが、『漫画少年』という雑誌で始まって、その後『少女クラブ』に引き継がれ、それがまた途中で切れた。虫プロ商事という別会社を作り、市販の雑誌を出すことになったとき、当然、『火の鳥』というのは、手塚先生にとっては描きかけては止まっていた作品だから、また『火の鳥』を描くだろうと思っていた。

案の定、そばについていたら、「野口さん、僕、『火の鳥』を描きたいんですけど、どう思いますか」とおっしゃるので、「ぜひお願いします。編集部もそのつもりで待っていますす」と答えた。

編集部で昔の『火の鳥』を読んだことがあるのは僕一人しかいない。先生が描きたいのは『火の鳥』だろうなあと思っているると、実際そうなった。だから、今発行されている『火の鳥』第一回になる原稿を初代編集者として受け取ったのは僕、ということになる。

そして、新連載三回目の『火の鳥』を描いていた手塚先生が、突然「野口さん、この主人公、殺しちゃってもいいですか」と言い出し、僕はびっくりした。

僕は「いくらなんでも、そりゃ困ります」と返事をすると、手塚先生も、「そうですよねえ」でその場は済んだが、今になってみると、手塚先生が、主人公を少年から猿田彦に変え、鼻を大きくしてお茶ノ水博士につながる話にしよう、そして、過去と未来をループさせる構成にしようと、『火の鳥』の壮大な骨格となるインスピレーションを得た瞬間に立ち会えたのかもしれない。

「意味のあるタネ屋」をやろう

一九七三（昭和四十八）年に虫プロが倒産した。その後も僕は漫画出版社の子会社で編集などをしていた。しかし、虫プロ時代と違って、漫画の可能性を広げたり、読者に新しい驚きを提供するセンス・オブ・ワンダーに理解がなく、映画やテレビで流行しているものをそのまま再生産させるだけの編集方針に夢を見出せなくなり、三十歳を機に家業のタネ屋を継ぐことにした。

父が生まれた土地に倉庫と家を建てたとき、昔、流行っていたブラザーズ・フォアの「七つの水仙」が自分のテーマソングのような気がして、水仙の球根を七つ植えた。♪僕には財産なんて何一つないけれど、丘に降り注ぐ朝を君に見せてあげられる♪というような甘い歌詞だったが、以来、タネのことを知れば知るほど牧歌的な外見の陰に隠れた難しさと恐ろしさを痛感している。

手塚先生とともにいたのは、わずか二年、足かけ十年ほどの編集者生活だったが、やめてから改めてタネ屋を継いでみると、やはりみんな同じことなんだな、と思った。

手塚治虫とつながっている。やっぱり僕は手塚漫画で育っていると思う。

タネ屋でも固定種という世界に向かった。何か自分なりに「意味のあるタネ屋」をやろうと思うと、やっぱり、こうなってしまった。F1という一代限りの野菜タネの普及ではなく、タネを採りつないで、生命が持続しながら変化し、発展していく固定種野菜の復活に挑戦してみたいと思ったのは、自然な成り行きだった。

手塚漫画は「ガラスの地球を守れ」とか、「生命はみんな同じなんだ」と教える。動物でも植物でも、はては細菌までもみんな同じ。それが根本にある。手塚漫画には結核菌に恋をしたり、植物を改造した少女と結ばれる主人公の話もあるくらいだ。

地元に帰り、見合い結婚をして子供が生まれ、地元に定着するために青年会議所にも入会した。仕事の合間に町づくり活動をしながら、漫画で町おこしができないかなあと考えるようになった。そこで青年会議所の仲間に『鉄腕アトム』の銅像建設を提案した。

当時は日本に漫画の銅像など一つもなく、「漫画の銅像なんか建てたら全国の笑い物になる」という反対意見が出る中で、小中学校の同級生たちが支持してくれ、「予算はないが、野口が資金集めするならいいだろう」と言ってくれた。

飯能青年会議所のお祭り実行委員長になった僕は、子供のためのお祭り広場の一角に漫画広場を作り、漫画家から色紙を集め、オークションにかけて資金集めをすることにした。

この間、一度手塚先生から電話があり、「飯能に自宅兼スタジオを再建したいから、三百坪程度の土地を探してくれないか」と言われたことがあった。このとき探した土地は、残念ながら一足遅く、先生の自宅は東久留米《ひがしくるめ》、スタジオは朝霞《あさか》と別々に決まってしまった後で、現在、飯能市立こども図書館になっている。

アトムの銅像と火の鳥の看板

実はアトムの銅像計画も、手塚先生と手塚プロが飯能に来たら、こんなこともやりたい、あんなこともできると、いろいろと妄想した事業のうちの一つだった。僕は手塚プロに行き、「アトムの銅像を作らせてください」とお願いすると、手塚先生は、「作ってもらえますか。ぜひお願いします」と、ふたつ返事で許可してくれた。

アトムの銅像除幕式での故手塚治虫先生と筆者

「でも資金はどうするんですか」と聞かれたので、「今までの編集者時代のつきあいを中心に、漫画家から色紙を集めてオークションにかけます」と言うと、「僕が漫画家に借りを作ることにならないように注意してください」とおっしゃった。

僕は「一地方からの、日本初の漫画の銅像を作りたいという趣旨ですから、大丈夫です。先生にご迷惑はおかけしません」と答えた。でも漫画家が無償で描いて送られてきた色紙には「手塚先生のために」という添え書きがつけられていた。飯能祭り当日の漫画広場のサイン会にボランティア出演した何人かの漫画家たちは、飛び入りで会場に現れた「神様」手塚先生に直接ねぎ

野口種苗に掲げられたアトムと火の鳥の看板

らいの言葉をかけられ、僕は大いに面目を施した。

こうして二年間続けた漫画家色紙オークションで三百万円の資金が集まり、一九八三年五月、飯能青年会議所十周年記念式典のメーンイベントとして、手塚先生をお迎えし銅像の除幕式が行われた。

今まさに空に飛び立とうとする、りりしいアトムの姿がそこにあった。

「今まで見たアトムの立体の中で、一番いい出来です」と喜ばれた先生は、一緒に除幕した鋳造家の広瀬敬二さんに、「五十年ぐらいもちますか」と訊ねた。

「五百年でも大丈夫です」という返事に、「五百年。そうですか。そうですか」と大喜びされた。取材に来ていた漫画雑誌の編集者が、「野口さん、記念写真を撮りたいから手塚先生と並んでください」と言うので、そばに寄ると、あっと思う間もなく手塚先生の手が僕の肩に置かれた。その手の温かさを、僕の肩は今も覚えている。

後日、記念講演と除幕式の合間に見た飯能青年会議所の十周年記念誌を「東久留米市長との対談の参考にしたいから送ってほしい」と電話をいただいたので、お礼がてらお届けに伺うと、先生は仕事の修羅場の最中だった。

僕は恐る恐る「うちのタネ屋の看板に、『火の鳥』をいただけないでしょうか」とお願いしたところ、版権部の部屋まで連れて行ってくださり、「あとはよろしく」と部長に指示し、仕事に戻られた。

店の入り口右にある看板は、僕が虫プロ出版部に入って初めていただいた原稿の最初のカットだ。アトムとウランが大人になってやってくる場面。当時、編集部で「君がモデルだろう」と言われた思い出の作品でもある。入社前に着ていた大学の制服（紺上下のスーツ姿）をそのまま仕事着として着ていた。その姿が、先生の目にとまったのかもしれない。

店の上に掲げた火の鳥のネオンファイバーの看板は夜になると、色鮮やかに羽ばたくがごとく輝いたが、雪の日にショートしたらしく、今は点灯できない。

こうして僕の店は、世界で唯一『火の鳥』の看板を掲げたタネ屋になった。『火の鳥』を看板にしたからには、それに恥じない店にならなければならない。手塚漫画が訴え続けていることは、生命の尊厳と地球環境の持続だ。平たく言えば生命は一つということ。どんな生命も等しく大切であり、お互いにつながっている。だから人間の勝手な価値判断で、自然界に回復できないダメージを与えてはならない。

五十歳を契機に固定種タネをネット販売

手塚番になったばかりのころ、漫画集団のゴルフコンペに、集団に入って間もない手塚先生が嫌々参加したことがあった。飯能の名門ゴルフ場から帰った先生が言った。

「野口さん、飯能はダメだよ。あんなに町の周りじゅうゴルフ場だらけにしちゃったら、取り返しがつかないじゃないか」と。ゴルフブームが始まったころで、猫も杓子もゴルフにうつつを抜かす時代になっても、以後手塚先生がゴルフに行くことはなかった。

店を継いだ当時、うちも市内のゴルフ場向けに、花壇の花苗や芝生の除草剤などの農薬を、年間何百万円も納めていた。しかし、バブルがはじけてゴルフ場の経営が苦しくなると、ゴルフ場からの注文はまったく来なくなり、経営は苦しくなったが、僕はある意味ほっとした。同じころホームセンターが街の周囲に何軒もできたので、農薬や肥料、花や野菜の苗はホームセンターに任せ、どこにも売っていない昔ながらの固定種だけを扱う、固定種のタネの専門店になろうと思った。

五十歳を契機にワープロ専用機から乗り換えたマッキントッシュコンピューターが、やがてインターネット社会が始まることを教えてくれた。インターネットを使って固定種の価値やF1との違いを発信していけば、看板の『火の鳥』にふさわしい持続型社会に役立つオンリーワンの店になれるのではないかと考えたのである。

二〇〇七（平成十九）年、九十歳を超えて自宅に引っ込んでいた父が僕を呼び、「俺もお母さんもいつ動けなくなるかわからない。インターネットで商売するのなら、高い家賃を払って商店街にいる必要もないだろう。実家に戻って俺たちの面倒をみろ」と言った。

これを機会に、実家に隣接する倉庫を改造して店に造り替え、農薬も肥料も、苗もF1のタネも、園芸用具も農業資材も一切やめて、固定種のタネだけをインターネット通販で販売する店に衣替えした。たぶん日本で一番小さな店構えのタネ屋であろう。

引っ越して半年後に母を八十七歳で旅立たせ、二〇一一年二月、父を九十六歳で見送った。今後は自分が息を引き取る瞬間まで、『火の鳥』に恥じない人生を模索していきたいと思っている。

コラム　日本は菜っ葉とカブの国

菜っ葉は中国や日本などの東アジアにしかない。ローマ帝国が文明の基礎となったヨーロッパのカトリック社会では、食べ物にも階層があった。ローマ皇帝や法王が食べるべきものとして、空を飛んでいる鳥は高級食材だった。鳥は天にましまます我らが神の近くにあるものだから、メインディッシュとなる。その次は空中になっている樹上の果物。次に野山を走り回っている鹿などの獣。次に地上に出ている葉っぱ。最下層の食べ物が、土の中から引っこ抜く大根やカブで、それらは悪魔や家畜や奴隷の食い物であった。

ヨーロッパでは、カブから生まれた菜っ葉類はない。あったのは土の上に出ているキャベツ、フダンソウ、レタス、ホウレンソウで、根菜類はまったく発展しなかった。ヨーロッパで土の中の作物が普及するのは、コロンブスのアメリカ大陸到達からルターの宗教改革の時代、プロテスタントのドイツなどでジャガイモが食べられるようになってからである。

一方、日本では奈良時代に仏教が伝えられ、大陸文化の重要な先駆けとなったが、同時に肉を食べてはいけないという禁忌(タブー)ももたらされた。

西洋とは逆に、菜っ葉類のカブや大根は五穀に次ぐ食べ物と見なされた。カブや大根を干し、沢庵などの漬物にすることを、位が上の者も奨励した。飢饉のときにも国民を救うことができる食料と位置付け、国家は何度も「保存食」として大根やカブを作れとお触れを出したことでもわかる。

第2章

すべてはミトコンドリアの采配

生命が続いていくということ

手塚治虫先生は『火の鳥』という物語を、遠い未来と過去を交互に描き、最後は現代で終わるという壮大なスケールで描き続けようとしてきたが、限りのある人生をもって書き切れるわけがなかった。結局、物語は現代に至らず、先生は六十歳という若さで亡くなった。

しかし手塚先生は『火の鳥・未来編』などで言いたいことは言い尽くしていると思う。要するに生命はみな同じなんだ。生命が続くことが宇宙にとっても意味のあることだよ、というメッセージが込められている。

ビッグバンから始まって、最初はヘリウムと水素しかなかったのが、さまざまな元素が星の中で生まれ、生命を育むことになる。動物も植物もみな同じであり、同じ地球の一員として生命を与えられているということである。

僕の精神構造の大部分は、幼いころから読み続けてきた手塚漫画で成り立っている。手塚治虫という存在は僕にとって、実父以上に父親的な、血肉を分けてもらったような存在と言っていい。

現在六十七歳の僕は、先生の見ていた先まで到達しなければいけないと思う。先生はかって、僕に「野口さん、漫画を描いてください」と言われた。残念ながら僕には漫画を描く才能はない。

しかし、手塚治虫の死後も生きているのだから、手塚治虫が知らなかったことを知ることができるし、手塚治虫の願いを知る人間として、手塚治虫が願わなかった未来に人類が向かってしまうのを食い止めることができるのではないか。手塚治虫が知らなかったことを知り、手塚治虫の願いに一歩でも近づけるのではないかと思っている。

『火の鳥』の第二話、最終章でもある『未来編』で、手塚治虫は火の鳥にこう語らせている。

「でもこんどこそ」と火の鳥は思う。

「こんどこそ信じたい」

「こんどの人類こそ　きっとどこかで　まちがいに　気がついて……」

「生命を正しく　使ってくれるように　なるだろう」と……

残念ながら、手塚治虫が生きている間、人類は間違いに気づくほど賢くはなれなかった。

しかし、東日本大震災と福島原発事故を経験した我々は、もう少し賢くなれるかもしれない。そうなることを信じて、そうならなければならないから、僕はこの本を世に問おうとしている。

僕は現行版『火の鳥』の初代担当編集者として、また、手塚漫画の元伴走者であり、変わらぬ愛読者の一人として、手塚治虫が一生かけて訴え続けた永遠のテーマ、「生命の尊厳と地球の持続」のために、タネ屋の家業の立場から志を引き継ぎ、表現していきたい。いわば「火の鳥タネ屋版」といった仕事を続けようともがいている。

火の鳥とは何だろうか。

『未来編』の中で火の鳥は、「宇宙生命（コスモゾーン）」だという。

「宇宙生命は形も大きさも色も重さもなにもないのです」

「この宇宙生命たちは物質に飛び込みます」

「するとその物質ははじめて『生き』てくるんです」

みなさんはこの言葉から何を思い浮かべるだろうか。多くの人が思い浮かべるのは、魂とか霊魂という言葉だろう。でも、果たしてそれだけなのか?

生物の細胞の中にはミトコンドリアという小器官がある。ミトコンドリアは生命エネルギーのもととなる。呼吸によって取り込んだ酸素や、食事で摂取した栄養素は、ミトコンドリアの中でエネルギーに変えられ、生体を動かす。ミトコンドリアは不要になった細胞を自死（アポトーシス）させたり、性をつかさどって子孫を誕生させたり、機能が衰えると活性酸素を発生させ、ガンや老化の原因となる。ミトコンドリアには形も大きさもあるが、生み出す生命エネルギーに質量はない。

ミトコンドリアというものを知れば知るほど、漫画『火の鳥』に描かれた火の鳥の所業とミトコンドリアがかぶさってくる。「長生きしたければ、ミトコンドリアを殖やし、健康に保ちましょう」という健康本の類《たぐい》も最近たくさん出ている。しかし、人間は食べ物である野菜のミトコンドリアに何をしてきたのか。いや、何をしているのか。ここからが本書の本題になる。

タラコは吉永小百合の卵子何年分?

僕の人生で一番楽しかったひととき、それは手塚治虫の担当編集をしていたある夜のことだ。『鉄腕アトムクラブ』のときだから、二十歳前後だったろう。ある日の夕方、手塚先生が「野口さん、いっしょについてきてください」と言った。

お抱え運転手の須崎さんの車に乗ると、NHKに着いた。須崎さんはそこで帰される。当時はビデオなどない時代だから、テレビはすべて生放送だ。なんの番組かわからないままロビーで待っていると、手塚先生とディレクターが並んでやってきて、「さあ行きましょう」とハイヤーで行った先は赤坂の高級中華料理店だった。

ハイヤーの中の二人の会話でなんとなくわかったことは、NHKは別名〝日本薄謝協会〟と言われるほど出演料が安い。出演料を上げるわけにはいかないが、経費で食事代を出すことはできる。好きな友人と食事をすれば、その費用をNHKが持つ。というわけで、ディレクターが財布役として付いてきたようだ。手塚先生の食事相手が僕のはずはないから、誰だろうと思っていたら、個室で待っていたのは小松左京御大だった。

「星さんはまだ?」と手塚先生が聞くと、

「うちを出たそうだから、もう来るんじゃない」

あまりの畏れ多さに「じゃ、僕は廊下で待ってます」と言うと、小松っちゃんがボクにビールを注ごうとしたら、

「編集者はこんなチャンスを逃すもんじゃない。あなたは、まだ仕事がありますからと、止める役なんだから、そばにいなさい」とおっしゃるので、ありがたく手塚治虫、星新一、小松左京というSF界三大巨人の歯に衣着せぬ放談食事会のお相伴にあずかった。

この三人の話というのが、とにかくすっ飛んでいた。飛躍がものすごい。こちらは二時間ぐらい、ただゲラゲラ笑いながら、仰天していただけだが、とにかくこんな具合だ。

小松左京が「なあ、宇宙ってなあタラコだよな」と言う。

言われてみると、銀河系の星の集まりなんていうのは、タラコの中に卵がいっぱい入っているようなものかなと思うわけだが、そう思うよりも早く、次の瞬間、星新一が「吉永小百合の卵子を何年分集めたらタラコになるんだ?」と切り返す。

これには驚いた。何という頭なんだろう。宇宙＝タラコだけでも驚くのに、今度はタラコと言った次の瞬間に、人間の卵子を何年分集めたらタラコになるんだと突っ込む。この発想の縦横無尽さと言おうか、これが普通に出てくる頭の中はどうなっているんだろうと、驚いた。

僕はあまり驚いたものだから、この話を忘れずその後いろいろ調べてみた。すると、植物のタネも人間の卵子も魚の卵も、ほとんど同じようなものだということがわかってきた。難しいタネの話も、この話を前段にすれば少しはわかりやすくなるだろう。

まず、吉永小百合の卵子を何年分集めたらタラコになるのか、という計算をしようと思った。この計算のためには、タラコ一腹の中に何粒卵が入っているかを知る必要がある。あちこち図書館に行ったりして、水産関係の本などを調べたが、タラコ一腹に何粒卵が入っているかなんて書いてある本はどこにも見つからなかった。

ところが、インターネットというのは誠に便利な世界で、タラコを割って開き、卵を一粒ずつ数えた人がいることが判明した。「はあ」と思った。やっぱり世の中広い。

この方が数えたところによると、タラコ一腹の卵の数は三十一万八千十七粒だったそうだ。個体差はいろいろあるだろうが、これが実際数えた唯一の記録だから、この数字をもとにしよう。

この人は学校の先生らしく、卵を数えるのに百三十六人で三時間かかったという。一人で数えれば丸十六日と二十一時間かかるそうだ。寝ないでこんなことをやる人は誰もいないだろうから、やっぱりこの人は貴重な存在である。

タラコ一腹三十万粒、人の一生の卵子四百個

タラコ一腹に含まれる卵の数というのは約三十万粒。人間の女性が一生に作る卵子の数というのは約四百個だそうだ。

タラコ三十万粒対一人の人間四百個。要するに吉永小百合一人ではタラコ一腹には絶対にならない。計算上、四百で割ってみると、吉永小百合のお母さんのお母さんのお母さんのお母さんと、ずっと祖先をたどって七百五十世代前の女性までたどって卵子を集めると、約三十万粒になるということらしい。タラというのはとんでもないことを一代でやっている。

では、七百五十世代前のお母さんというのはいつの時代の人だろうか。一世代の生殖可能年数を二十五年とする。七百五十を掛けると、一万八千七百五十年前に生きていたご先祖様のお母さんということになる。一万八千七百五十年前はまだ日本列島に現世人類（ホモ・サピエンス）が到達していない時代だ（十数万年前の旧石器時代の遺跡も見つかっているが、人骨が発見されず、ホモ・サピエンス以前の北京原人の類《たぐい》と思われるので、ここ

では除外しておく)。

日本国内で一番古い人骨は約一万八千年前のもので、沖縄県具志頭村《ぐしかみそん》で見つかっているそうだ。もう少し古い二万年前ぐらいの人骨のかけらも見つかっているが、今のところはっきりわかっているのは、この一万八千年前の沖縄で見つかった女性の人骨であり、復元図もある。この女性からずっと卵子を集めていくと、約三十万粒になるわけだ。この女性が東南アジアからやってきたのか、中国大陸から渡ってきたのか、シベリアから来たのかはわからないが、沖縄にこういう人がいたということはわかっている。

では、この女性からずっと卵子を集めていくとタラコ一腹の三十万粒になるとして、大きさはタラコ一腹になるのだろうか。人間の卵子の大きさとタラコの粒、卵の大きさがイコールならそうなる。タラコ一粒の大きさというのは、約直径一ミリ。これに対し人間の卵子の大きさは〇・二ミリ。十円玉の裏には国宝の平等院鳳凰堂が彫ってあるが、真ん中に観音開きの扉がある。この扉の一枚に三列五段に鋲《びょう》が打ってある。これを肉眼で見わけられる人はとても目がいい。この鋲の直径が〇・二ミリである。〇・二ミリは人間が物を見られる限界の大きさで、人間の受精卵の大きさと同じなのである。

人間の卵子の直径はタラコ一粒の五分の一、体積は百分の一である。体積で百分の一ということは、タラコ一腹三十万粒の人間の卵子を集めても、タラコ一腹の大きさの百分の一にしかならない。タラコ一腹の大きさにまで人間の卵子を集めるとしたら、また百倍にしなくてはならない。つまり一万八千七百五十年前ではなく、百八十七万五千年前のお母さんから卵子を集めないとタラコの大きさにはならない。

では、百八十万年前はどんな時代かというと、猿人とか原人の時代である。現代の人類というのは、約二十万年前にアフリカで誕生したと言われている。だから、人類よりずっと以前の、猿人とか原人時代のお母さんから卵子を集めないと、タラコ一腹にならない。

二十万年前から連綿と続くミトコンドリア遺伝子

それはともかく、二十万年前にアフリカで誕生した人類は、定説では約六万年前（最近では十万年前という説もある）にアフリカ大陸を出て、世界中に広がり、現在の七十億人にまで人口を増やしてきた。

どうしてこういうことがわかるのか。人間には細胞内の核の遺伝子のほかに、ミトコンドリアがあり、このミトコンドリアも核の遺伝子とは別に遺伝子を持っている。ミトコンドリア遺伝子は、母親だけから子供に伝わっていく母系遺伝をする。だから、百八十万年前の原人・猿人のお母さんからのミトコンドリア遺伝子が、現代の我々にまで連綿とつながっているわけだ。

ミトコンドリアは人間の身体にエネルギーを供給してくれる。要するに酸素呼吸をして

ミトコンドリアは動植物すべての細胞に存在する

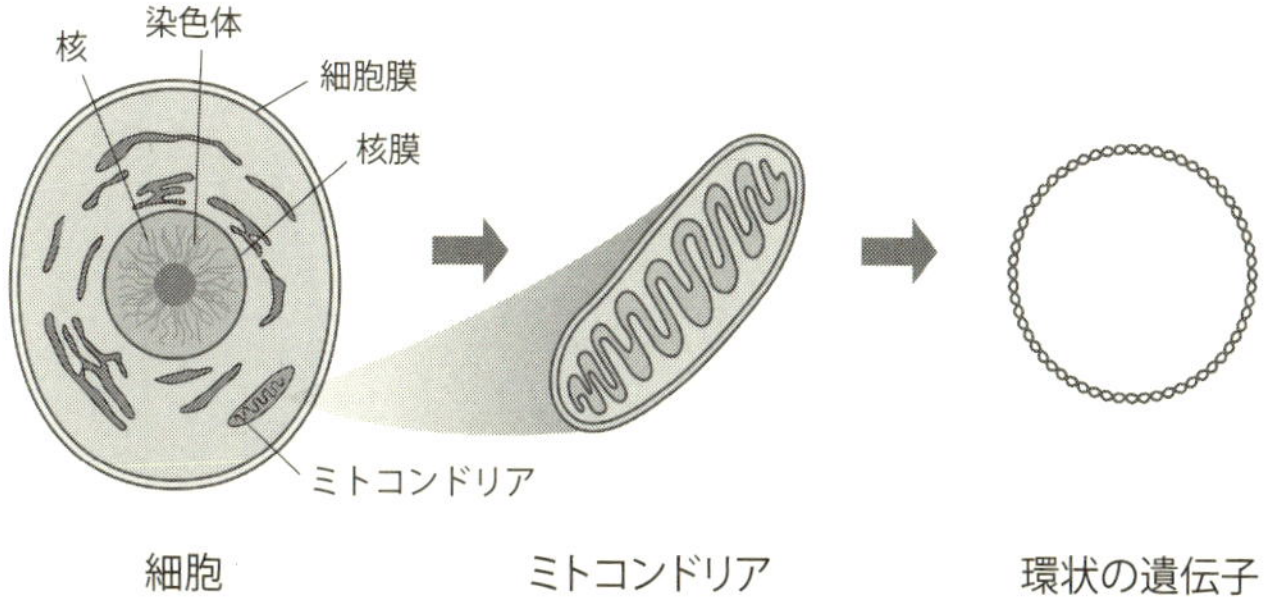

細胞とミトコンドリアの模式図

酸素エネルギーを供給するのだが、同時に、疲れてくたびれてくると、活性酸素を出し、人間の細胞を攻撃する。核の中の遺伝子はこの活性酸素から身を守るために核膜を作るのだが、肝心のミトコンドリア遺伝子は自分が出す活性酸素によって傷つきやすくなる。そのことによって核の中の遺伝子よりも百倍のスピードで変化していくそうだ。

ミトコンドリア遺伝子の変化を調べると、現在、地球上に広がっている人類の大元はアフリカの北東部にいたわずかな人たちであり、そこから全地球へ広がっていったことがわかる。

上図は高校の生物の教科書によく出ているミトコンドリアの模式図である。細胞には核の遺伝子がある。そのほかミトコンドリアが環状の遺伝子を持っている。核の中の遺伝子にはY染色体というのがあって、男性だけが受け継いで

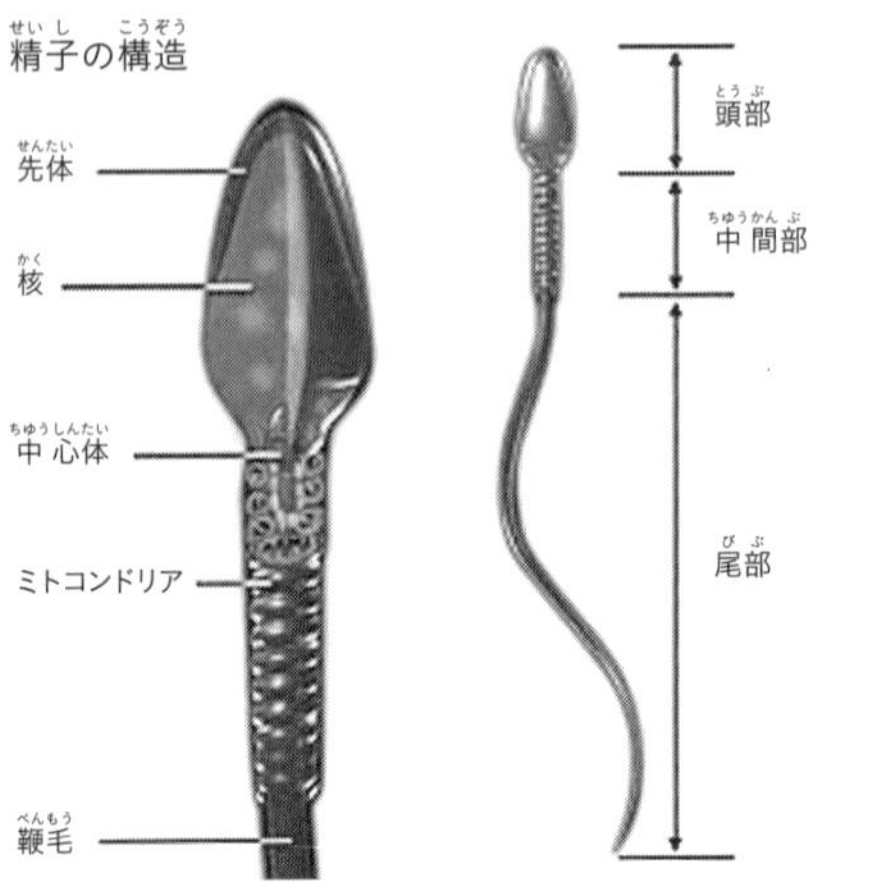

ミトコンドリアは精子の動力源
（出所）IPA「教育用画像サイト」http://www2.edu.ipa.go.jp/gz/

いく。このY染色体を調べてもアフリカにつながっている。それで人間がアフリカ起源であることは間違いないと言われている。アフリカを出発した五百人そこそこと言われる人類が、何万年もかけて七十億人に広がるまで、各地に自生する植物と出会い、世界中の作物を生み出していったのである。

　卵子と精子の電子顕微鏡写真を見ると、石ころみたいなのが直径〇・二ミリの小さな卵子。人間の細胞の中で卵子が一番大きい細胞と言われている。精子は卵子よりもずっと小さい。上図に示すように精子の尻尾のつけ根の部分にミトコンドリアが百個ほどある。ミトコンドリアは精子が運動する力を生み出している。精子が睾丸で生まれ、女性の膣の中の卵子と結合するまで、ミトコンドリアがエネルギーを出し、尻尾を動かしてくれる。精子を人間の大きさに拡大すると、マラソン四二・一九五キロを一往復、全力疾走するほどのエネルギーを、ミトコンドリアが出していると言われている。

ミトコンドリアはこれまで、死んだ細胞を取り出し、合成樹脂で固めることによって、電子顕微鏡で見ることができたが、現在は光学顕微鏡の進化などによって、生きている状態のミトコンドリアを観察できるようになっている。細胞の真ん中に核があり、核の中に本来の遺伝子がある。そのほかに細胞一個あたり平均二千個のミトコンドリアがある。筋肉細胞、脳細胞、肝臓の細胞には多くて約三千個のミトコンドリアがあると言う。

人はミトコンドリアによって生かされている

ミトコンドリアの「ミト」はギリシャ語で糸状、「コンドリア」は微粒子という意味である。一つの細胞に数千のミトコンドリアがある。人間には六十兆の細胞があり、一人の人間には何京という数のミトコンドリアがいて、総数ではわれわれ人間の体重の一〇%を占めるという。この無数のミトコンドリアが融合、分裂しながらエネルギーを出すことによって、我々は生きていられる。よく指摘されるが、免疫機能もすべてミトコンドリアの力によって行われている。

手塚治虫の作品で『アポロの歌』という性教育漫画と見なされているものがある。この漫画に精子と卵子が結合する場面がある。なぜ、ミトコンドリア遺伝子は母親だけから子に伝わるのか。この『アポロの歌』には精子と卵子が結合するとき、精子の尻尾の部分が

どうか　つきとばさないでください
つきとばしなんかするものですか　選ばれたおかた

ポロリ

手塚治虫『アポロの歌』
© 手塚プロ

ぽろりと落っこちて、卵子と結合し、受精が完成するシーンが出てくる。

手塚治虫がなぜこんなことを知っていたかといえば、彼は、タニシの精子に関する論文（正確な論文名は「異型精子細胞における膜構造の電子顕微鏡的考察」）で医学博士号を取ったからである。タニシの精子を研究していて、こういうことを知っていた。当時は電子顕微鏡しかなかったので、定説通りこのように解釈していた。

「古い生物の教科書を見てみると、ミトコンドリア遺伝子が母系遺伝である理由として、受精の際に精子の核だけが卵子に入り込み、鞭《べん》毛の根本の部分にあるミトコンドリアは入らないからだ、と説明されていることが多い。このため、大多数の科学者は今もこういった記述を鵜呑みにして信じている（野口注　手塚治虫もこの説を信じたまま亡くなった）。

だが、これは正しくない。現在は受精の様子をビデオや写真で撮ることができるのだが、その映像を調べてみると、精子のミトコンドリア部分まで卵子の中に入り込んでいることがはっきり観察できる。

では、なぜ精子のミトコンドリアDNAは遺伝しないのか。哺乳類の場合、卵子の中のミトコンドリアは約一〇万個、一方の精子は約一〇〇個といわれているが、この数少ない精子のミトコンドリアは卵子の中に入るとすぐに分解されてしまうことが最近になって明らかになってきた」（『ミトコンドリアと生きる』瀬名秀明・太田成男著）。

精子のミトコンドリアが分解されてしまう理由はよくわからない。精子のミトコンドリアが卵子の中に入って、卵子のミトコンドリアとくっつくと、ミトコンドリアの遺伝子が勝手に進化をし始める。すると、受精卵の核の遺伝子が制御できなくなる、そういったことを防ぐためではとか、または、百キロメートル近いマラソンを全力疾走したミトコンドリア遺伝子は、当然くたびれていて、活性酸素みたいなもので傷ついた遺伝子を子孫に残したくないからではないかとか、いろいろな説がある。

精子のミトコンドリアはせっかく卵子の中に入っても、「いらないよ」とつぶされるわけで、少々かわいそうだ。とにかく卵子の中にはミトコンドリアが約十万個あり、子供に受け継がれ、何京というすべてのミトコンドリアとして存在しているのである。

植物にも動物にもミトコンドリアがいる

動物細胞と植物細胞のどちらも、ミトコンドリアがいることによって生命体として成り立っている。

動物も植物もほとんど同じ仕組みだというのはこういうことだ。四十六億年前に地球が生まれ、三十五億〜三十八億年前に最初の生命が誕生した。この最初に生まれた生命はみな単細胞のバクテリア、要するに細菌である。この細菌の時代が十数億年続く。

やがて、バクテリアの中からシアノバクテリアという光合成して酸素を出すバクテリアが生まれる。酸素を出すことによって、地球上に酸素がどんどん増えてくる。四十六億年前、地球の大気にはほとんど酸素がなかったが、シアノバクテリアによって酸素が増えていく。最初に誕生したバクテリアは酸素がないところで生まれているから、「嫌気性」の菌であった。

嫌気性の細菌にとって、酸素は猛毒である。酸素に触れると死んでしまう。そのため、それまでのバクテリアは、海底深くや地中奥深くなど、酸素のない環境で生活するようになる。嫌気性の菌は我々の身体の中にもいる。オナラのもとであるメタン菌は腸の中の酸素がないところで生活し、オナラを作っている。

生命の系統図

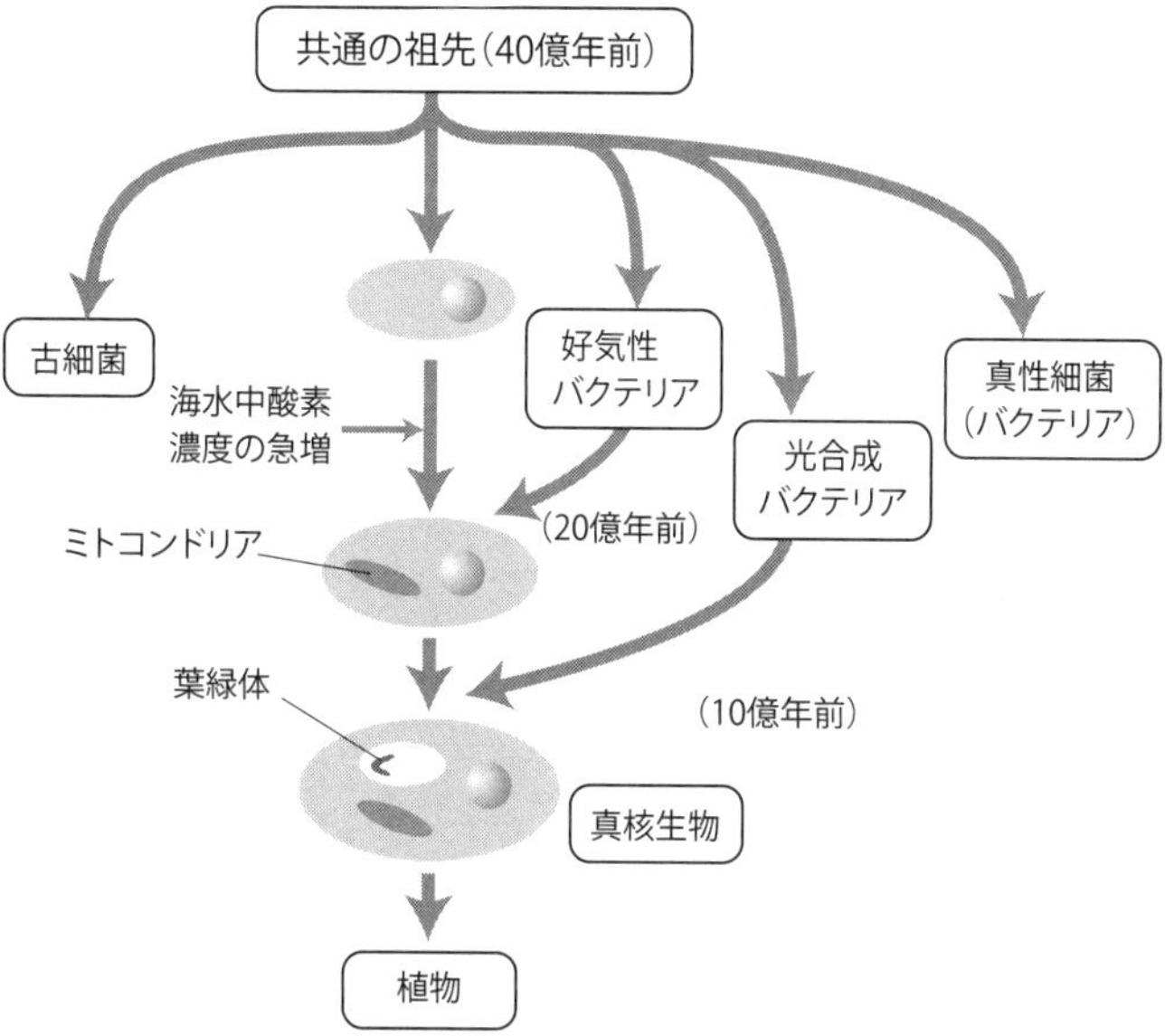

嫌気性の菌にとって酸素が猛毒である一方で、酸素を必要とし、呼吸してエネルギーに変える「好気性」の菌も生まれてくる。あるとき、好気性の菌と嫌気性の菌が出会う。そして嫌気性の菌が好気性細菌を取り込み、酸素呼吸をする生命に変わっていった。

この好気性細菌がミトコンドリアとなった。生命はミトコンドリアを取り込んだことによって、酸素のある環境でも酸素呼吸をして生きられるようになる。元の単細胞嫌気性細菌の中でミトコンドリアはどんどん増殖し、生命は多細胞に変わっていく。

二〇〇八（平成二十）年一月、千葉大学大学院園芸学研究学科が発表した「真核細胞誕生の謎を解くパラサイト・シグナルを発見――ミトコンドリアと葉緑体が独自のシグナル分子（ＭＰ）で核ゲノムと細胞を支配」というニュースリリースによると、ミトコンドリアと（同時に植物では）葉緑体の遺伝子が増殖を終えないと、細胞の増殖も起こらないことがわかったそうだ。つまり、ミトコンドリアの増殖が単細胞生物から多細胞生物への引き金になったというのだ。これまでミトコンドリアも葉緑体も核の遺伝子によって支配されていると信じられてきたが、もしかしたら逆で、ミトコンドリアこそ、われわれ人類にまで続く進化の支配者であるかもしれないというわけだ。

多細胞になった生命のうち、動くものは動物になり、動かないで数百年の命も持てるようになって増えていったものが植物になる。だから、細菌以外の動物も植物もすべてミトコンドリアによって生かされてきたのだ。ミトコンドリアがいかに重要な役目をしているかがわかるだろう。

もっとも、ミトコンドリアがエネルギーを出して我々を動かしてくれたり、免疫機能を持たせてくれるのと同時に、ミトコンドリア遺伝子が傷つけば、がんが転移したり、ミトコンドリアが変異を起こし自ら傷つけば、生命は死を迎えることになる。ミトコンドリアによって生まれた我々は、ミトコンドリアによって細胞が老化し、死に至る。読売新聞（二〇〇八年四月四日付）は、「転移するがん細胞のミトコンドリアには特有の遺伝子変異があり、生体に有害な活性酸素を作り出している。高濃度の活性酸素にさらされたがん細胞の一部が死ににくくなり、転移性を獲得するらしい」という筑波大学林教授の説が米科学誌の『サイエンス』電子版で発表されると報じた。

ここまで、なぜ人類の起源から説き起こし、生命の発生をたどってきたかといえば、野菜の品種改良にとってもミトコンドリアが非常に大きな役割を果たしているからだ。と同時に、人類の将来に多大な影響を与えかねない問題を内包していると思うからだ。

ミトコンドリアが、いかに我々の生命にとって大事なものか認識していただいたうえで、次章から本題であるタネの話に移っていく。

第3章

消えゆく固定種　席巻するＦ１

最初の栽培作物はひょうたん?

人間がアフリカで誕生したのは約二十万年前のこと。それ以降、人間は地球上を旅をして回った。植物は動けないが、人間が植物を見つけ、食べ、タネを持って旅をすることによって、植物も地球上に広がっていった。アフリカ、地中海沿岸、東アジア、東南アジア、最後にヨーロッパ文明が新大陸、アメリカ大陸に到達し、各地で見つかった植物を我々が栽培(アグリカルチャー)することによって、文明、人間社会というものが築かれていく。

では、人類は植物をいつから栽培するようになったのか。地中海あたりで見つかった大麦・小麦を栽培するようになってからとか、中国など東アジアで米や雑穀を栽培するようになってからなどという説がある。それまで狩猟や木の実を採ったりして生活していた人類が、定着して畑を持ち、村や町を作り、やがて国を作って文明社会が始まる。その起源が約一万年前というのが、定説になっている。

現人類が旧人のネアンデルタール人と異なる発展をしたのは、農耕を始めたからだという説もある。農耕によって定住生活が起こり、文明が生まれた。それが一万年くらい前。ところが、いや植物栽培の歴史はもっと古いのではないかという人もいる。

その一人に、東京農業大学で環境緑地学を専攻し、各地の植物を研究している湯浅浩史

世界のひょうたんのさまざまな形
（出所）東京農大「食と農」の博物館　「人類の原器ヒョウタン1万年の世界　湯浅浩史コレクション」パンフレット

先生がいる。湯浅先生は俗に「ひょうたん博士」と言われるほど、すごいひょうたんのコレクションを持っている。

湯浅先生は「人類が最初に栽培したのはひょうたんじゃないか」と言う。そもそも土器はひょうたんを真似たもので、土器以前に「ひょうたん器文明」があったのではないかとまでおっしゃる。これは証拠が残っていないので、何とも言えないが……。

日本の青森の遺跡からひょうたんの遺物が発見された。時代は約九千年前。ひょうたんはアフリカ原産である。この時代の縄文人がアフリカと交易し、ひょうたんを手に入れていたとは考えられない。

ということは、アフリカ大陸を出るときに、人類はひょうたんを持って出た。ひょうたんの中に水を入れ、旅ができるようになって初めて、人類は海を渡り、地球上に広がっていったのではないかというのが、湯浅先生の説である。南米でも同じ時代の遺跡からひょうたんが見つかっている。

東京農大の博物館には、湯浅先生が集めた地球上のさまざまなひょうたんが陳列されていた。

我々は中間がくびれた形をひょうたん型と言っているが、実はひょうたんにはいろいろな形がある。くびれが全くないものもある。くびれのないものを我々は「夕顔」と呼んでいる。夕顔の果肉を干したものが「かんぴょう」だ。

人類は地球上のさまざまな地域に行って、ひょうたんを食べ物として栽培したり、形の変わったものを観賞用に栽培した。中国ではひょうたんは権威の象徴として使われたそうだ。パプアニューギニアの高地人はひょうたんをペニスケースにしている。このように、いろいろな文明で、いろいろなひょうたんの形が残された。ちなみに青森と南米で発掘されたのは、かんぴょう型のくびれのない夕顔で、たぶん容器であるだけでなく、食用だったと思われる。

これは僕の仮説だが、人類は「タネを播けば芽を出し、開花、結実する」という、植物の成長と増殖の概念を、早い段階から知っていたのではないだろうか。それこそ、人類が旧人と異なる最大の知恵だったのではないかと思う。

ひょうたんは水を入れる容器としての役割だけでなく、タネを運ぶ容器でもあった。湯浅先生に「これらのひょうたんのミトコンドリア遺伝子を調べましたか？」と聞いたら、「もちろん、調べました」。「どうでしたか」と聞いたら、「すべて全く同じでした」とおっしゃる。当然、核の遺伝子も全く同じだから、これらはお互いに交配することができる。

優性と劣性

湯浅先生によると、ひょうたん型というのはメンデルの法則でいう遺伝子の「劣性」で、くびれのない夕顔型のほうが「優性」である。味でいうと苦いのが「優性」で、苦くないのは「劣性」だという。

これを聞いて、タネ屋としてはすぐ「ああ、なるほど」と思った。苦くないひょうたん、食べられるひょうたんは、交配によって簡単に作り、固定することができる。

苦いひょうたん（これは本当に苦い）と苦みのないかんぴょうがとれる夕顔をかけ合わせると、一代目はメンデルの法則によって「優性形質」だけが出る。優性形質だけということは、苦いかんぴょう型だ。

ひょうたんとかんぴょうのメンデルの法則

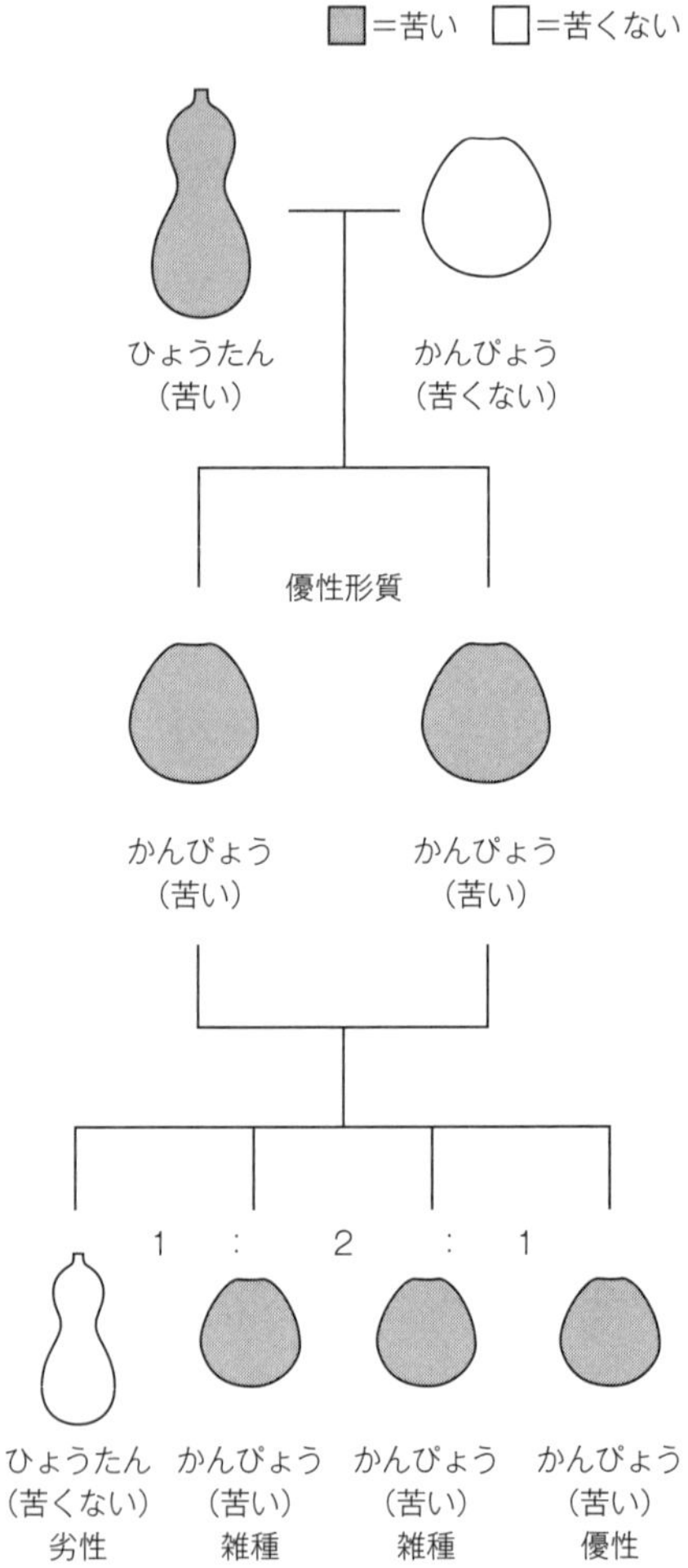

苦いかんぴょう型は容器にしかならない。ただ、ここからタネを採ると、今度はメンデルの分離の法則によって、一対二対一の割合で「優性形質1」「劣性形質1」「その間の雑種2」という形で分離していく。

この雑種には優性形質が現れているから、形だけで見れば三対一の割合で苦く、くびれのないものが出てくる。1だけ「劣性形質の固まり」が出る。これが食べられる「苦くないひょうたん」になる。

この苦くなくて食べられるひょうたんの中には、優性形質が隠れていないから、簡単に固定できる。こうして固定されたひょうたんが、うちでもタネを売っている「食用一口ひょうたん」である。

優性形質の中には劣性形質が隠れているから、固定するまでに八年から十年かかると言われている。しかし、劣性形質である苦くないひょうたんは、二、三年目から固定できる。固定するということは、一つの性質の遺伝を固定して同じ子種が生まれるようにしたということである。固定とは子孫のぶれが少なくなるという意味で、成功したと思っても隠れた性質が出ることもある。

試しに固定した「食用一口ひょうたん」のタネを播き、栽培してみる。食べられるのはごく小さいうちだけで、そのうち硬くなって木質化してしまう。そばにひょうたんを一緒に播き、両方かじってみたが、一口ひょうたんのほうはアスパラガスみたいにおいしく食べられた。ところが、ひょうたんのほうは苦く、とても食えない。口の中が一、二時間しびれるように苦かった。

メンデルは「ドミナント」と「レセッシブ」に分けた。「ドミナント」は子供を支配する形質という意味だ。だから、ドミナントに優れているという意味はない。レセッシブにも劣っているという意味はない。ただ、現れるほうと隠れてしまうほうということで、その名がついた。日本語になったとき、「優性」と「劣性」と訳してしまったから、さまざまな誤解が生じるようになった。

よくF1野菜のタネの長所について、種苗会社の人間は「父親と母親の優れたところだけが現れるからいいんです」と言うが、これはとんでもないうそっぱちだ。F1は人間にとって都合のいい形質が現れるように作っているだけで、優れているわけではない。

人間に当てはめると、純粋な日本人と純粋な白人が結婚して子供ができると、一代目の髪の毛は黒く、肌は黄色く、瞳は黒い、日本人型の形質が必ず出る。黒人と日本人が結婚して子供をつくると髪の毛は縮れっ毛、肌は黒い、黒人型の形質が出る。これは人類がアフリカで誕生したとき、黒人として生まれてきたことを示す。

アフリカ大陸では、太陽光線が照りつけ、紫外線が非常に強い。紫外線から自分の身を守るため、肌にメラニン色素がたまって黒い肌となり、髪の毛もメラニン色素のために黒くなる。これらの形質が紫外線から自分の身体を守ってきたわけだ。その後、人類がどんどん地球上に広がり、スウェーデンやノルウェーなどの北欧に行くと、太陽光線は弱くなる。太陽光線が弱いところでは、むしろ紫外線を受けたほうが身体にいい。紫外線をシャットアウトしてしまうと、健康に悪影響がある。それで、メラニン色素を作る遺伝子が欠如するようになり、白人が生まれるもとになった。

欠如した遺伝子よりも、もとからたくさん蓄積されている遺伝子のほうが強い。だから、古くから蓄積された大元にある遺伝子が出てくるのだ。

またこのことはF1が生み出された大元の理屈にもなる。日本人と白人、日本人と黒人のように成育環境が大きく異なり、縁が遠くなればなるほど、純系同士の雑種には「雑種強勢」という力が働く。親より立派な体格になったり、成長が早まったりする。雑種強勢はF1の根本原則の一つであり、野菜の品種改良に使われるようになった。

固定種が消滅した三浦大根

三浦大根という三浦半島産の大根がある。名前を知っている方も多いと思う。しかし、現在流通している三浦大根で、昔からの固定種のものは一つもない。三浦半島で作られている三浦大根は、すべて「黒崎三浦」という名のF1である。F1になることによって、形が均一に揃う。成長も早まるから、三浦半島の生産者はみんなこれを作るようになった。

有機野菜宅配の「らでぃっしゅぼーや」では、「いと愛《め》づらし野菜」という昔ながらの野菜をセットにし、箱詰めにして販売している。僕はこの「いと愛《め》づらし百選」の選定委員をしている。新しい野菜の候補が出ると試食もする。

この「いと愛《め》づらし百選」の中で一番人気があるのが、「安納芋」という種子島の甘いさつまいも、二番目が三浦大根だそうだ。

今、市場に出回っている大根は青首大根（根の上のほうが地上に露出して、緑色になっている大根）ばかりだが、三浦大根は白首なので人気がある。僕は三浦大根を食べてみた。「えっ、これ、本当に三浦大根なの？　もしかして、F1じゃない？」と聞いたら、「あっ、わかりますか」と言われた。

僕はこれがわかる。本来の固定種の大根はきめが細かく、非常に緻密で硬い。生でかじると辛い。煮ることによって辛味が甘味に変わっていって、どんなに煮ても煮崩れしない、おいしい大根になる。だからおでんにぴったりで、煮れば煮るほど甘みが増し、味がしみてくる。これに対し、F1大根は成育が早まって、揃いが良くなる代わり、細胞がざらっとした感じになる。

F1大根は細胞のきめが粗く、水っぽくなる。水分が多いというか、水ぶくれしたような感じである。最初から非常にやわらかく、すぐ煮えるので、うちの女房は「F1のほうが扱いやすくていいわ」と言う。だが、F1大根を煮過ぎるとぐずぐずに崩れてしまい、だらしのない味になる。僕が食べた大根はこの青首大根と同じような味だった。

「これじゃあちょっと……、『いと愛《め》づらし百選』には、できればF1を入れたくない。昔、三浦半島で作っていた三浦大根を何とか復活させないか」と言ったら、「じゃあ、野口さん、タネを提供してください」ということになった。

うちはそういう古い昔の野菜のタネばかり売っているから、タネを渡して「黒崎三浦」

↑
F1種
↓

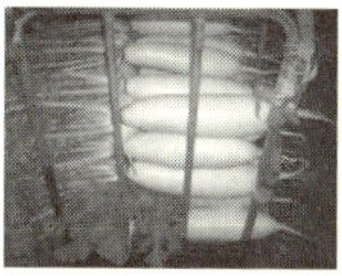

三浦半島で作ってもらった固定種の三浦大根

を作っていた生産者に播いてもらった。その後、できたころを見計らって行ってみた。年の暮れのことだ。

すると、F1の三浦大根は全部出荷され、畑は空っぽ、うちからタネを渡した昔の三浦大根だけが取り残されていた。これを全部引っこ抜いて、農家の軽トラックに載せ、物置に並べて写真を撮った。

生産者にとってはF1に比べて固定種のほうが成育に時間がかかる。らでぃっしゅぼーやの農産担当の人に「F1の三浦大根より高く買ってくれるなら、作ってやってもいいよ。どうだい」と生産者が聞くと、「これではちょっと引き取れないですね」という。

「このばらつきでは……」。お客さんはみな一箱いくらでお金を払っているから、片方の家には大きいのが入っていたのに、別の家にはこちらの小さいのが入っているとなると、クレームどころじゃないというのだ。

結局、「この揃いの悪さはどうしようもない」ということになった。

昔の固定種はもっと形が揃っていた。固定種しかない時代には、あっちの三浦大根のタネよりうちのほうが揃いがいいというように、一生懸命、母本選抜（タネを採るための株を選ぶこと）をして、揃いの良さを売り物にしていた。しかし、現在、揃いの点でＦ１と比べれば、完全に負けてしまう。

Ｆ１は放っておいても同じ大きさになる。売れない固定種をわざわざ母本選抜してタネを採る種苗会社はほとんどなくなってしまった。

前頁の写真は本来の三浦大根の形だが、「練馬大根」に似ているものもある。三浦大根のもとは練馬大根だから、その形が出てきたのである。小さいものは「みの早生《わせ》大根」などの形が出ている。みの早生も練馬大根から分かれた大根である。固定種は遺伝子に多様性を持っているため、そのばらつきが現れてくる。これでは半分ぐらいしか商品にならず、規格に合わない残りはゴミとして廃棄されることになってしまう。

固定種の多様性・個性は、販売する場合には邪魔になる。昔、固定種のタネで野菜が作られていた時代には、八百屋さんは一貫目いくらとか、一キロいくらとか、重さを量りながら値づけをして売っていた。ところが、それでは今の流通にはまったく合致しないから、固定種の野菜は自家消費に回った。

F1と固定種の利点

一代雑種の利点	固定種の利点
揃いが良い（出荷に有利）	味が良い（伝統野菜の場合）
毎年タネが売れる（メーカーの利益）	自家採種できる
生育が早く収穫後の日持ちがよい（雑種強勢が働いた場合）	多様性・環境適応力がある
特定の病害に耐病性をつけやすい	長期収穫できる（自家菜園向き）
特定の形質を導入しやすい	さまざまな病気に耐病性を持つ個体がある
作型や味など流行に合わせたバリエーションを作りやすい	オリジナル野菜が作れる

試しに、近所の直売所で「黒崎三浦」を買ってきて、固定種三浦と食べ比べてみた。なるほどと思った。「黒崎三浦」は梨のようにみずみずしい。辛みがまったくなく、甘さのない果物のようである。えぐみなし、個性なしがいいとは、人の好みも変わってしまったのだな、とつくづく思った。固定種大根は収穫までに四カ月かかるのに対し、F1大根は二カ月半でできる。しかし、細胞は水ぶくれで、味がない。

固定種のタネが種苗店の店頭から姿を消し、三十～四十年経った。スーパーや八百屋さんの店先に並ぶ野菜はほとんどF1に占められ、家庭菜園用のタネの小袋もF1ばかり並ぶようになった。

F1は均一で揃いが良いから、指定産地の共選（共同で選別すること）で秀品率が高く、歩留まりがいい。したがって共選を進める産地JAでは、常に最新のF1品種の研究が欠かせない。当然種苗メーカーも、産地の指定品種に選ばれるため切磋琢磨している。

Ｆ1はいったん市場に受け入れられると、大産地を自社品種によって支配できるし、ブランド化して全国シェアも高まるのだから、広まるのは極めて当然だ。

一方、農業人口の高齢化と後継者不足、流通の進歩によって、外国からの輸入野菜が市場に氾濫するようになった。Ｆ1化し、規格が単純化した日本市場は、近隣諸国にとって格好のターゲットになったからだ。輸入野菜に使われているタネは、どれも日本の種苗メーカーが日本の大手市場向けに育成し、輸出したＦ1種子である、これも当然と言えば当然過ぎる帰結だ。

今スーパーの店先に並ぶ野菜は、国産と銘打っているものが圧倒的に多い。では年々、輸入量が増加しているという外国野菜はどこで消費されているのか？

当然、業務用、外食産業である。外食産業は成長する輸入野菜市場の最大の顧客となっている。外国産地も国内産地も今や、外食産業のニーズに合わせた品種選定が必須条件になっている。

種苗メーカーや産地指導にあたる農業センターの人の話によると、外食産業の要求は、「味付けは我々がやるから、味のない野菜を作ってくれ。また、ゴミが出ず、菌体量の少ない野菜を供給してくれ」ということだそうだ。こうして世の中に流通する野菜は、どんどん味気がなくなり、機械調理に適した外観ばかり整った食材に変化していく。

こんな状況の中で、地方の伝統野菜が、数少ない本物指向の消費者や昔のおいしかった野菜の味が忘れられない高齢者の支持を集めている。こうした伝統野菜は消滅した地方市場に代わって、「道の駅」などの直売所で扱われている。

コラム 地方野菜・伝統野菜の可能性

「地方野菜」とは地方でしか流通していない野菜、「伝統野菜」は地方野菜の中でも、著名で特産と呼ばれている野菜のこと。どちらも青果の流通時に使われる言葉のようだ。

うちに取材に来られる記者の方から、最初に聞かれるのがこれらの言葉の定義である。聞かれたこちらも困ってしまう。「京野菜」は江戸時代以前からの歴史ある野菜ばかりだが、「愛知の伝統野菜」には、昭和に入ってからできた「ファースト・トマト」も入っているそうだ。要は各県の公的機関が認め、県産品としてお墨付きを与えたものがその地の「伝統野菜」のようだ。

固定種の地方野菜や伝統野菜は、大量生産や周年栽培に向かない代わりに、適期に播種して適期に収穫する旬の味と、何よりもその個性的な姿形が、画一化したF1野菜に飽き足りない人たちを魅了する。伝統野菜を地域の特産品として売り出そうとしている人たちの中には、「よその土地ではできない」、「味が落ちる」などと言う人もいるようだ。

しかし、適期にタネを播けば風土と密着したもとの味は出せないかもしれないが、日本のどこでも作れるものばかりだ。もともと日本にあった野菜はワサビやフキ、ミツバ、ウドぐらいで、それ以外は世界中から入ってきて、日本の気候風土になじんだ伝来種である。遺伝子が本来持つ多様性や環境適応性が発揮されて、三年も自家採種を続ければ、新しい土地の野菜に育ってくれる。

大根や菜っ葉、白瓜などのように、昔は漬物などに加工し保存食とした野菜が多かったから、家庭で漬物を作る習慣が廃れた現在、料理法が限定されるのかな、と以前は思っていた。しかし、世界中の料理が食べられるようになった現在、逆に無限の可能性を秘めていると思う。

例えば「埼玉青大丸ナス」という巾着《きんちゃく》型で緑色のナスは、皮が硬いので漬物には不向きである。味噌汁の実に使っても汁が黒く濁らないくらいしか取り柄がないかと思っていたが、ある銀座のフランス料理店のフランス人シェフは「これほどフランス料理に合うナスはない」と、ほめちぎってくれたそうだ。一時売っていたフランス輸入品種の黒大根も、「サラダに使うには硬いけれど、フランスではどうして料理しているのかな？」と思っていたが、なんと黒い表皮をつけたまま「焼いて食べる」のだそうだ。

販売用の野菜タネのほとんどをＦ１にしてしまったのは日本ぐらいで、フランスのタネのカタログを見ると、七〜八割が現在も固定種である。外国野菜のタネを取り入れ、新しい日本の野菜を創造するのもおもしろいと思う。

インド原産のナスが、東南アジアから中国を通じて日本に入ってきたのは、千数百年前のことだそうだ。もともと熱帯の気候に適していたナスだが、南北に長い日本列島では、各地の気候に合わせてさまざまな品種が生まれた。一例を挙げれば、長ナスは九州と東北にあるが、東北の長ナスは、豊臣秀吉の朝鮮出兵で日本中の大名が博多に集められたとき、九州の長ナスを仙台藩の侍が国へ持ち帰って生まれたそうだ。

九州にいたときは、暑さの中で大きく茂り、葉数が十数節ぐらいまで育たないと花をつけない晩生系のナスだったが、東北の冷涼な気候に適応して、もっと小さいうちから花を咲かせ実をつけるように変化した。遅いと寒さで子孫を残せないためだ。味も、焼きナスなど加熱利用が多い九州と違って、東北は漬物文化だから、漬物に適したやわらかいものが好まれ、選抜を続けた結果生まれたのが、「仙台長ナス」である。風土と食生活の違いが、固定種の遺伝子を刺激して変化させたわけだ。

日本では紫黒色のナスが好まれ、ヘタも同じ色だが、外国にあるのは米ナスのようにヘタは緑色なのが普通だ。緑色のヘタの日本在来種は、前述の「埼玉青大丸ナス」とか、九州の「白ナス」のように、実もナスニンという色素を持たない系統ばかりのようだ。「埼玉青大丸ナス」がどういう経路で埼玉に定着したか、実はよくわからない。明治初年に中国から導入され、奈良漬用に栽培されていたらしいと書いてある本もあるが、決まった産地はなく、自給用に細々と栽培されているだけだ。九州の白ナスは、薩摩藩の時代から栽培され、やはり自給用に現在も作られているそうだ。タネは、埼玉の青ナスのほうは種苗メーカーが採種を手がけ、比較的入手しやすいが、九州の白ナスのほうは、農家の自家採種を分けてもらうしかないそうで、うちでも入手に苦労した（現在は福岡の種苗会社が取り扱うようになっている）。

手塚漫画にあったF1のモチーフ

手塚治虫の大人向け漫画に『人間ども集まれ！』というのがある。

手塚治虫『人間ども集まれ！』（1967年）より　©手塚プロ

お父さんがちょっと異常な精子を持っていて、尻尾が二本あり、そのお父さんの精子から生まれた子供は母親が違ってもみんな同じ顔の無性人間になるという漫画だ。

飯能の小中学校の先生にこれを見せて、子供がみんなこんなふうに顔も成績も同じだったら、勉強のさせがいはありますか、このほうがいいですかと聞いたら、先生方は複雑な顔をしていた。やはりこれでは困るのではないか。生命とはそういうものじゃないということだろう。

漫画では、この子供が大量に作られ、戦士にしたてられ、金もうけをたくらむ企業によって、売られていく。僕はこの漫画を見て、すぐ無性人間のモチーフは働きバチなどの昆虫の世界だろうと思った。しかし、タネ屋となってF1のさまざまな技術を知るにつけ、この漫画は、人間と切っても切れない関係がある野菜のタネの現実と結びついているとしか思えない。

この漫画の結末は二種類ある。一つは無性人間が世界を支配し、生き残った人間に去勢を強要し、地球上の人類の未来が断たれることを示唆して終わる。

もう一方は、雑誌『漫画サンデー』に連載していた当時の原型で、科学の力で無性人間が性を獲得し、人類と共存するようになる、というまったく違う明るい結末である。どちらがいいのかははっきりしている。手塚治虫はこの作品でも命をつなぐことの大切さを教えている。

本来の三浦大根にはなぜばらつきがあるのか。大根はもともと地中海の原産である。地中海原産の大根が中国の南部から日本に入ってきたのが今の大根の祖先だ。もともとはたった一種類だったはずだ。それが、日本に入ってくると、風土の違い、寒いところと暖かいところ、耕土が浅いところと深いところ、地下水位が高かったり、低かったり、乾燥したり、田んぼの跡などで湿地だったり、それらによって大根はいろいろな成長の仕方をし、遺伝子を子孫に伝えていった。江戸時代には約二百種類と言われるほど、各地に多様な大根があった。

大根には、首が上に出る大根と、下に深く潜る大根がある。耕土が深くて寒いところでは、下に潜る系統が適し、耕土が浅く暖かい土地だと、上に伸びる系統が適している。上に出たところが太陽に当たって青くなり、糖分が増して甘くなるのが愛知の「青首宮重大根」の系統で、現在のF1青首大根の重要な片親になる。

言い伝えによると、尾張藩が献上した「宮重大根」のタネを、将軍綱吉が下練馬村で播かせたのが、「練馬大根」の始まりと言われている。当然、異論もあるが、この伝説を信じると、首が出る大根だった「宮重大根」が、関東ローム層の深い耕土で育った土中に潜る系統の大根と自然交雑し、根が深く長い「練馬大根」に変化していったのだろう。

気候の変化と地野菜との自然交雑によって形が変化した有名な野菜に、「野沢菜」がある。もとは関西の「天王寺かぶ」だが、やはり江戸時代に京都に修行に来ていた信州野沢村のお坊さんが「天王寺かぶ」のタネを持ち帰ったのが始まりと言われている。

今では似ても似つかない両者だが、かたや「大阪の伝統野菜」の代表格であり、かたや「長野で最も有名な伝統野菜」であることは、ご存じの通りだ。余計な話だが、うちに来た徳島のお客様が「野沢菜の一番大きな産地を知ってますか？　実は徳島なんです。長野の漬物業者からタネが来て、近くで一年中作って送っています」と話していた。

コラム 新ダネと野菜種子の寿命

「菜種刈る」「菜種干す」「菜種打つ」いずれも、日本の初夏の、季語である。春にトウ立ちし、満開の菜の花を咲かせた白菜や、カブ、小松菜などのアブラナ科野菜は、初夏に成熟して梅雨入り前後にタネが実る。大根、玉ネギなどの秋播き野菜も、みな同様である。

採種農家の畑で、茎ごと刈り取られたタネは、梅雨を避けて軒端で干され、晴れ間を見てサヤから脱穀され、各戸ごとに計量されて、採種農家の組合を通じて種苗メーカーに買い取られる。

種苗メーカーの手に渡ったタネは、異物や未熟種子などがふるい分けられ、梅雨時の湿気や盛夏の高温を過ぎても発芽力を失わないように乾燥され（含水量が少ないほど高温多湿に耐えられる）、メーカーによっては殺菌剤や発芽促進のための薬剤が塗布された後、袋詰めや缶詰めにされて、種苗小売店に向けて発送される。

こうして秋の新ダネが小売店の店頭に並ぶのは、例年、早いもので六月下旬、多くは七月になる。タネの成熟が盛夏にかかる玉ネギなどは、八月に入らないと新ダネが入荷しないのが普通だ（これ以前に店頭に並んでいる秋野菜のタネは、一〇〇％古い〝ヒネ種子〟と思って間違いない）。

近年、大手メーカーは、採種地を海外に移しているため、採種時期に変化が生じているが、国内野菜産地の播種期が変わらない以上、流通時期に変化は現れていない。南米産など日本の季節外れに採れたタネは、これ幸いと発芽検定や（一代雑種にとって最も怖い「交配ミス」を発見するための）遺伝子調査や、異常株発見のための試験栽培に、この貴重なタイムラグを過ごしている。

ところで、「こんなに播ききれないんですが、このタネは来年も使えますか？」と、お客様によく聞かれるが、「野菜の種類によって、タネの寿命が違うし、採種地のその年の天候によって、充実の度合いも違うから、一概に言えませんけど、普通は、お茶の缶などに乾燥剤などと一緒に入れて、冷蔵庫など低温で湿度も低い場所にしまっておけば、数年は大丈夫ですよ。温度と湿度が低くて一定している所なら、タネの生命力はそんなに落ちません」

と、答えている。

そして、「ただ、外気温の変化をそのまま受ける所や、湿気の多い所に保存した場合、日本の真夏の高温多湿を経験するごとに、確実にタネの寿命は尽きてきます。タネも呼吸していますが、高温多湿のときが一番呼吸作用が活発で、体力を消耗してしまうんです」

と、付け加える。

例えば、寿命の短いタネの代名詞である玉ネギの場合、北海道では常温で七年貯蔵できたそうであるが、本州では二年後、台湾では一年後に死滅していたという。高温多湿が、いかにタネの寿命を縮めるかわかる（出所：井上頼数編『蔬菜採種ハンドブック』養賢堂　一九六七）。

また、低温低湿度で変化のない理想的な状態で数年保存されたタネも、いったん外に出され、直射日光が当たるような高温の場所に置かれると、環境の激変で急激に体力を消耗し、寿命が尽きて発芽率が落ちてしまう。冷蔵庫から取り出したら、なるべく日数をおかずに播いてしまうことである。

採種後、本州常温下での野菜種子の品種ごとの寿命は、おおむね以下の通りである（前掲書より）。

A　短命種子（一〜二年）

ネギ、玉ネギ、人参、三つ葉、落花生

B　やや短命種子（二〜三年）

キャベツ、レタス、唐辛子、エンドウ豆、インゲン、そら豆、ゴボウ、ホウレンソウ

C　やや長命（二〜三年）

大根、カブ、白菜、漬菜類、キュウリ、カボチャ

D　長命種子（四年以上）

ナス、トマト、スイカ

渡辺文雄さんに食べてもらいたかった伝統野菜

日曜朝の人気番組「遠くへ行きたい」のスタッフの方から、「埼玉県を紹介する企画を立てました。ついては飯能の野口種苗さんの伝統野菜について取材したい」と電話があったのは二〇〇六（平成十八）年の五月初めだった。「くいしんぼう！万才」で初代リポーターを務めたこともある食通の渡辺文雄さんが「昔のおいしい野菜を食べたい」と希望しているという。それで、「農家の庭先で、おばあちゃんと一緒に野菜を食べている場面を収録したいので、昔の野菜を集めていただけませんか」とスタッフに依頼された。

さて困った。というのは取材日は六月八日で、季節は初夏。露地物の冬から春にかけての野菜はもう終わっている。夏野菜は植えたばかりで実がなっていない。とうてい間に合わない。

そこでネットでうちのタネを買っていただき、ハウス栽培をやっている方や、全国のお

客さんに「収穫した野菜があったら分けてもらえないか」と呼びかけたところ、取材日二日前に、なんと方々から十数種類もの伝統野菜が集まった。沖縄のアカモーウィ（赤毛瓜）、相模半白（キュウリ）、聖護院青長節成キュウリ、泉州水ナス、時無し大根、日野菜かぶなどなど、である。

これだけあれば喜んでくれるだろう。生でかじってもらうのが一番いいが、キュウリと水ナスは隣の漬物屋で浅漬けにしてもらって――とか考えながら眠りについた翌朝、とんでもない電話で起こされた。

「リポーターの渡辺文雄さんが昨夜緊急入院されました。代わりの若い女性リポーターでは昔の野菜の話はできないので、申し訳ありませんが、今回の取材対象から外させていただきます」

いつも遠いところばかりの取材が、たまには近いところということで、埼玉を選んでいただいたのだが、僕のところだけカットされ、代わりに川越の菓子屋横丁が放映された。

その後、渡辺さんは八月に入って間もなく帰らぬ人となってしまった。後に読売新聞の「追悼抄」を読んで、渡辺さんが「日帰りでもいいから埼玉に行きたかった」と話していたということを知り、残念な思いでいっぱいになった。

グルメ俳優の渡辺さんに食べてもらいたいと、全国から集まった伝統野菜たちもさぞかし肩を落としていることだろうと、その無念を思いやり、彼らの記念の集合写真を撮ることにした。キュウリやカブやナスを店の前に持ち出したところ、たまたま顔なじみの地元新聞社の編集長が通りかかった。

「野口さん、何をしているんですか」と言うから、これこれしかじかと説明したら、編集長は一口食べてみたいというので、「どうぞ、どうぞ」と勧めた。

すると、「えっ、野口さん、いつもこんなうまい野菜を食べているの」と驚いたのなんの。それは「相模半白」という日本古来の華南系キュウリだった、皮が白っぽく太くて短い。みるからにごついやつを一口かじった瞬間、口を突いて出た言葉だった。

「まさかいつもはスーパーや八百屋さんで売っているキュウリを食べているよ。その普通のキュウリ（シャープ三〇一という品種）もあるから食べ比べてみるかい」

「今まで何も考えないで食べていたけれど、これはスカスカして味がないね。昔のキュウリはやはりうまいね。たしかに昔はこういうのを食べていたのを思い出したよ」。その差は歴然だったようだ。

今となっては、口が馴らされてしまっているので、食べ比べてみないとわからない。相模半白キュウリに感動した編集長は、さっそく地元の文化新聞に「こだわりの種苗店　野口のタネ」という当店の紹介記事を書いてくれた。「スーパーの交配種を試すと差は歴然。在来種の味は深く、いつまでも口の中に残って自分を主張し続けた」と。

さすがに数百年の歴史を持つ伝統のキュウリは、一口で記者さんをとりこにしたのだった。百聞は一見にしかずというが、これは「一口瞭然」ということだろう。渡辺文雄さんにも感想をお聞きしたかった。

キュウリは今、「ブルームレス」というカボチャ台木に接いだ真っ青なF1ばかりになっているが、昔のキュウリというのは、このように「半白」タイプのものだった。「華南型」といって黒いイボの、日本では一番古いタイプのキュウリだ。全体が青いタイプのキュウリは「華北型」といって、明治以後、日清・日露戦争を経て入ってきた品種。そしてこれらのキュウリが交雑して固定種になっていくうち、F1の時代になり、味がなく硬いだけの「ブルームレス」キュウリの全盛時代になってしまった。

みやま小かぶが原種コンクールで二位に

タネ屋の世界には昔、「原種コンクール（全日本蔬菜原種審査会）」というタネの審査会があった。これには戦争中にタネの原種がガタガタになってしまったので、それを回復させようという意図があった。

金町系小カブ一種類で三年か四年に一度コンクールを行う。そのとき日本中のタネ屋がカブのタネを持ち寄って、同一の畑で作り比べ、どれがいいかを検討する。

うちは固定種の時代、小カブのタネを採っていて（今でも採っているが）、ずっと一位を独占していた。それだけ母本選抜をしっかりやっていたからだ。

扁平で成長の早い「早生金町小かぶ」（東京・金町）と千葉県松戸周辺で産地化していた金町系で腰高中生の「樋の口小かぶ」のタネを混合して畑に播いて、勝手に交雑したものの中から、中間どころを何年もかけて固定させて作ったのが、「みやま小かぶ」である。金町小かぶ系統で一番いいと評価され、賞をもらった。それがＦ１の時代になって以降、うち以外は全部Ｆ１になって、賞からもれるようになった。

表は、『種苗界』という種苗協会の機関誌に掲載された、一九七八年の金町小かぶの部の審査会結果である。このとき、固定種で二位という成績をとったのが最後だ。固定種を出品しているのはうちだけで、その他はすべてＦ１になっていることがわかる。

第28回蔬菜原種審査会／金町小かぶの部

1位	東北種苗（F1）
2位	タキイ種苗（F1）
2位	野口種苗研究所（固定種）
2位	東北種苗（F1）
2位	タキイ種苗（F1）
3位	タキイ種苗（F1）
3位	日東農産（F1）
佳作	渡辺農事（F1）
佳作	サカタのタネ（F1）

●全出品点数32点

（出所）『種苗界』1978（昭和53）年6月号より

コラム　みやま小かぶ

「みやま」の名称は、奥武蔵（飯能）の深い山中の採種地の意と同時に、川越・斉藤農園、所沢・古谷採種園、飯能・野口種苗研究所の三者共同しての育種活動という意味を持っている。みやま小かぶは「金町小かぶ」と「樋の口小かぶ」を自然交雑させ、豊円で玉割れ少なく均整のとれた形状と、緻密で甘味に富んだ肉質を目的に、選抜固定した最高品質の小カブである。

Ｆ1時代直前の約十年間、「全日本蔬菜原種審査会」の小カブの部は、この三者が交替で最優秀賞を受賞し、名実ともに日本の小カブの最高峰であった。

後の交配種時代になっても、小カブの基本的な形状は、みやま小かぶの形状を受け継いでいるが、これは三者のいずれかから購入したタネがメーカーの育成親の基本的な部分に受け継がれているからであろう（肉質は小カブと思えないものに変質しているが）。

斉藤農園も、古谷採種園も廃業してしまった今、当店だけが細々と昔通りのみやま小かぶの育成採種を続けている。

春と秋に播けるが、九月に播いて初冬に収穫したものが最も美味であり、栽培も容易である。

ばら播きし、十～十五センチ間隔に間引きながら肥大させる。中生かぶの血筋が入っているので、直径十センチ以上に育っても玉割れせず、寒さに向かって甘味が増し、千枚漬けにすると非常においしい。

かつて金町系質の強いものを「みやま早生」、樋の口系質を「みやま中生」、両者の中間型を「みやま四季蒔」と分けていたが、採種農家もなくなってしまった今、山頂の畑を借りて、市場で最も普通に見かける小カブの原型の「みやま四季蒔小かぶ」のみ採種している。


固定種は揃いが悪い。大きいのから小さいのまである。同じ日に播いた同じタネでも、成育の遅いのから成育の早いのまで、ばらつきがある。ところが、F1はほとんど均一になる。

農家がここは今日、隣は一週間後、その隣は二週間後と時間を空けてタネを播く。すると、約二カ月後、それぞれの畑でみな同じ大きさに育ち、順番に収穫できる。引っこ抜いて水洗いして束ねれば、そのまま箱に納めることができ、一週間おきに出荷でき、ロスもない。これがF1の良さである。

そこへいくと固定種は、同じに播いても、ませたものから大きくなって、おくてのものはその後になる。これが自然の摂理だ。だから、固定種を栽培していた時代の農家は、早く大きくなったものから引っこ抜き、洗って揃えて箱に詰める。その空いた場所で遅いものが成長する。だから昔は、一度タネを播けば何カ月も収穫できたわけだ。

ところが、F1のように一度に全部出荷する時代になると、固定種は一つひとつ葉っぱを持ち上げて、カブの大きさを見ながら、これくらいならいいかなと間引きながら収穫をしなければならない。こんなに手間のかかることはないと、固定種はまったく売れない時代になってしまった。

でも、これが本来の生命の姿なのだ。同じお父さんとお母さんから生まれても、太っていたり、背高のっぽがいたり、小さい子が生まれたりするのと同じだ。もし自然界でみな変わらずに育っていったら、台風が来たり、何かの虫が発生したり、病気が発生したとき、全滅して子孫を残せなくなるかもしれない。

ばらつきや多様性があるから、どれかが子孫を残してくれるようにできているのが本来の生命である。一九七八年にうちのみやま小かぶが原種コンクールで二位に入ったとき、僕は審査会場に行かなかった。その三、四年前、おやじから「勉強だからおまえ、行ってこい」と言われ、審査会に行ったことがある。そのときは二位なんて成績はとらず、上位にまったく食い込めなかった。

実はこの審査会の審査員は、それぞれ出品会社の人間がやっている。一つの畑Aと、少し離れたBという畑に同じタネを番号を変えて、農業試験場が播く。自分のところで出したタネがどれなのかわからないまま、AとBへ行って、ああこれがいいというものを選び、後で集計し、一位、二位、三位を決定する。

集計した結果発表の後、各出品者は「実はあなたのところのタネは、Aでは何番に播かれていました、Bでは何番に播かれていました」という紙を渡される。そこで初めて自分のところのタネがどれだったのかがわかる。表彰式の後、畑に行って、「うちのはAではここ、Bではこれだったのか。これじゃ一位になったあれに比べ、茎が弱過ぎて出荷に耐えられないから無理だったのかな」など、そのようなことを反省材料にできる。

そしてまたみんなで畑へ戻ると、顔見知りの種苗会社の人がやってきて、「ああ、野口さん、野口さんのみやま小かぶはAではここだったのかい。Bじゃ何番？」と言うから、もらっている紙を見せ「Bでは三十番でした」と言う。それを聞くなり、その人は立ち上がって、AB両方の畑に聞こえる大声で、「お〜いみなの衆、野口種苗のみやま小かぶはAは何番、Bは三十番だってよ〜」と叫んだ。

すると、みな「おお、そうかそうか、もらって帰って今夜のおかずにするべい。言いたかねえけど、F1のカブなんてまずくて食えたもんじゃねえからな」と言うのだ。

このやりとりはいまだに僕の耳に焼き付いている。全員うちのカブだけきれいに持って帰った。大手メーカーの一位になったカブはそのまま放ったらかしだった。要するに固定種のほうがきめが細かく、甘くておいしいのである。

当時、Ｆ１のカブの大半は、うちのみやま小かぶがもとになっている。雑種強勢が働くためには、遠く離れた系統をかけるのがいいから、うちのカブにヨーロッパの家畜用のカブをかけ合わせた。

この家畜用のカブは、大きくなっても小さくなっても形が整っているので、小カブから大カブになっても出荷できる、と喜ばれた。しかし、残念ながら、家畜用のカブのせいで、皮が硬く味が良くないものが流通するようになってしまった。

Ｆ１のカブになってから、料理の本のレシピでも、「カブは皮をむいて使いましょう」と書かれるようになった。

ただ、現在はまた少し事情が違う。Ｆ１カブの親の中に表皮組織を持たない突然変異が、ある種苗会社の畑で見つかった。カブは表皮組織があるから硬くスジばる。表皮組織がなければ虫に食われたり、土の中の病気にやられたりするが、皮がないから生でもさくさく食べられる。そこでハウスで土壌消毒し、作られたものが、タキイの「スワン」などのサラダカブになっている。時代によってタネは変わり、料理法も変わっていくのである。

戦争が生んだ化学肥料と農薬

どうしてこんな硬くてまずいＦ１が普及したのかといえば、世の中の流れというしかない。

そもそも一番大元にあるのは、第二次世界大戦が終わり、平和になったことだ。戦後、日本の都市はどこも焼け野原になった。大勢の兵が復員し、食料が絶対的に不足した。アメリカ進駐軍はこの状況を改善するよう日本政府に要求した。

世の中が平和になって一番余るのは、戦争のときに使った爆弾である。爆弾がいらなくなると、爆弾を作っていた企業、化学会社は爆弾材料を別のものに転用する必要がある。

食料増産に必要な化学肥料は、大正時代からあった。電気で水を分解し空中の窒素を固定する方法によって化学肥料が作られていた。ところが戦後は電力不足で窒素が生産できなくなった。そこで、外国で余った窒素を大量に輸入して肥料にし食料増産をはかった。

同時に、海外から復員兵が持ち込んだシラミ防除のため、DDTが日本に上陸した。爆弾とともに余ったのが毒ガス兵器である。この毒ガスが農薬に変わった。戦後、DDTやBHC、パラチオン（ホリドール）などの農薬が外国から入ってきて、大量に使われた。

アメリカは世界中に、とりわけ戦争で国土が灰燼《かいじん》に帰したところに窒素肥料をどんどん送り、食物を増産し、農業を復興させようとした。

ところが、フィリピンやインドネシアなどの東南アジア諸国には雨季と乾季しかない。雨季にはたくさんの雨が降り、肥沃な大量の水が流れてくるから、肥料などやらなくても農業が成立する。二毛作は当たり前で、年に二回も三回も作物が採れるところである。

戦争が化学肥料・農薬・塩化ビニールをもたらした

1945	第二次世界大戦終結。米欧の窒素生産力が火薬から化学肥料に転換
1946	DDT日本上陸
1947	農業協同組合法公布
1948	タキイ種苗「長岡交配福寿1号トマト」発売
1949	野菜統制撤廃。市場競売復活
1950	タキイ種苗「長岡交配1号白菜」と「同1号甘藍」を発売
1951	国産ビニール製造始まる
1952	セレサン石灰（いもち病水銀剤）・パラチオン（ホリドール）使用開始
1952	三菱化成「クミアイ化成」の生産開始
1953	農産物価格安定法公布
1954	学校給食法公布
1955	ビニールハウスが普及し始める
1960	農林漁業基本問題調査会「自立農育成と低生産性農家の離農促進」を答申
1960	経済審議会「所得倍増計画」決定
1961	農業基本法公布、農業近代化資金助成法公布
1962	米財団によりフィリピンに国際稲研究所（「緑の革命」始まる）
1962	水俣病の原因が新日本窒素肥料のメチル水銀と判明
1964	東京オリンピック開催
1966	野菜指定産地制度を含む野菜生産出荷安定法公布
1971	日本有機農業研究会発足

そんな国にも窒素肥料や化学肥料を入れるものだから、米でも麦でも背丈が高くなってしまう。作物は自ら葉数を増やし、葉っぱから窒素を抜こうとする。すると葉の重さで倒れてしまうから収量はかえって減ってしまう。

そこで、いくら肥料をやっても背丈が伸びず、収量だけが増えるように品種改良が進んでいった。これが後に「緑の革命」と言われる農業改革事業につながっていく。

もっとも窒素肥料を与えれば、虫も集まってくる。そこでさらに農薬が必要になるという悪循環が発生した。

また戦後になって、石油化学産業が発達した。塩化ビニールが国産化され、ビニールハウスによって日本のように四季のある国でも、周年栽培ができるようになった。この化学肥料・農薬・塩化ビニールが三本柱となって、それに適応した改良品種、F1種が育成されることになる。

一九四八（昭和二十三）年、タキイ種苗が「長岡交配福寿1号」「同2号」という初めての一代雑種トマトを作り、売り出した。それまでも一代雑種は農業試験場などで作られていたが、販売したのはタキイ種苗が初めてだった。その後、タキイは続々と一代雑種のタネを発表していく。同じころ日本に農業協同組合ができた。

F1品種というのはもともと大正時代から存在していた。しかし、戦後まであまり普及していなかった。自給菜園と自家採種の時代には、F1タネは高いだけで特に味が良いわけでもなく、極早生で玉揃いが良いというだけでは、栽培して食べてみたいとまで誰も思わなかったのだ。

農協（JA）の融資でビニールハウスが建ち、化学肥料と農薬が使用される戦後になって、見ばえの良いF1は急速に農村に受け入れられ、産地を形成していった。

タネ屋にとって一番大きかったのは、東京オリンピックを契機に、日本中の農家の次男坊、三男坊が東京などの大都市に集められたことだ。都市が吸収した人材は道路やオリンピック会場を作る労働力となり、いろいろな会社に雇われていく。それを契機に高度経済成長が始まる。

日本の農家には長男とおじいさん、おばあさんばかりが残るようになる。長男とおじいさん、おばあさんで、都会に行ってふくれ上がった次男坊、三男坊の家族全員を食わせるにはどうしたらいいか？　そこで農地を集約し、機械化すればいいということになった。それまで自分の家の周りにあった畑で、いろいろなものを作っていたお百姓さんが、地域の農地を全部まとめて広大な畑を作り、機械を入れ、一年中キャベツや玉ネギばかりをつくる「モノカルチャー（単一作物生産）農業」に変わった。

百姓は百の農作物をつくるから百姓と呼ばれたはずだったが、単一作物を作る農業に変わっていってしまう。

指定産地制度でモノカルチャーが加速

一九七一（昭和四十六）年、日本有機農業研究会が発足する。その前に野菜指定産地制度を含む野菜生産出荷安定法が公布された。これがモノカルチャー農業の元凶である。高度経済成長とともに農家は長男が継ぎ、次男、三男は都会へ向かう。長男たちは食料増産のために畑を大規模な指定産地にし、地元の農協に舵取りをさせ、地域の作物を全部まとめ、単一作物生産農家に変わっていった。

単一の作物を生産して都会に提供する農家であれば、価格が暴落して経営が悪化しても、作物を廃棄して生産調整に協力すれば補助金を出すという、指定産地制度のおかげで、日本中の農業がモノカルチャーになり、周年栽培を売り物にしたF1が台頭した。それまで自分でタネ採りしていた農家がタネを買う時代になった。これがF1、一代雑種誕生の歴史である。

農家は野菜指定産地制度によって、同じ野菜ばかりを作るようになった。長野・嬬恋のキャベツ、熊本のトマト、高知のピーマンなどは一年中作られている。豊作になって価格が暴落すれば、価格調整のためにトラクターで踏みつぶす。農薬と化学肥料を使って見ばえばかり良くなったF1品種が日本を席巻、支配していくようになる。

トラック輸送が発達し、おかしなことに大量に作られた野菜は、いったん東京、大阪へ集約され、そこから再び熊本、鹿児島などの産地へ戻っていく現象も起きた。

同じ野菜ばかり作っていくと、同じ野菜の病気がどんどん変異し強くなったり、今までの農薬が効かなくなったりした。耐病性をつけるための品種改良がさらに進んだ。

今こうした産地農家がある地域では、コンビニの弁当がよく売れるそうだ。トラクターで畑へ向かうとき、お百姓さんはコンビニに寄り、朝・昼用の弁当を買う。夕食もコンビニに寄って買う。自分の作った野菜を食べたことがない農家も普通になってきた。これでは野菜の本当の味がわかるはずがない。テレビ局の記者が野菜の有名産地に行き、「この野菜はどうやって食べたらおいしいんですか」と聞いたところ、「俺は自分で作った野菜を食べたことがない。うちのばあちゃんなら知ってるかも」と答えたという。種苗会社のセールスマンに「新品種でこれはうまいというお薦めは」と聞いたところ「耐病性が強くなっただけだから、うまい新しい野菜なんかあるわけがない」という答えが返ってくる時代である。

Ｆ１というのはとにかく揃いがいい。一代限りで優性形質、顕性形質だけが出る。一代目だけだが、何よりもありがたい。揃いが良くなるためには、父親と母親をそれぞれ純系に、単純な形にしていく。

だから、Ｆ１品種の父親と母親は多様性を持っていない。これに対し、固定種というのは一袋に三千粒あれば、三千粒がみんな違う個性を持っている。その中のこれはという個性だけをクローンのように増やしたものが一代雑種の親になる。

算数で言えばＦ１は最小公倍数のようなものである。一番元の小さな数字を倍々に増やしていく。これに対し、固定種は最大公約数のようなものだ。

同じ品種でもばらつきがある。平均値が同じ品種であるに過ぎない。固定種は昔から味がよいということで食べられてきたタネだから、おいしい。それに「自家採種」ができる。

Ｆ１は一代限りなので、毎年交配された新しいタネを買わなくてはいけない。種苗会社の大きな利益になる。Ｆ１と固定種はそれぞれの良さを持っているが、今やＦ１のほうが圧倒的に多くなってしまった。

一代雑種を作るときには、特定の形質が導入される。流行のバリエーションも父親か母親を変えればいいから作りやすい。ミニトマトがやたらどんどん甘くなったり、皮が硬くなったり、逆にやわらかくなったり、イチゴ型のトマトベリーができたりする。何かが流行ると、両親を割り出してすぐ別の会社が類似品種を作るようにもなっていった。

スーパーに並んでいる「小松菜」という名で売られているもので昔ながらの本当の「小松菜」は一つもない。昔の小松菜は茎が細く繊維質が弱いので、ポキポキと折れた。束ねて出荷すると日持ちがしない。そこで、小松菜にチンゲンサイをかけ合わせた。チンゲンサイの茎は太いから、雑種は茎が太く繊維質が強く、日持ちが良くなる。また、葉の色が黒く濃いのは「タアサイ」との雑種。葉がちぢれている「ちぢみ小松菜」というのは「ちぢみ菜」との雑種。どれももちろん「小松菜」の味ではない。葉も茎も柔らかくて繊細な昔の「小松菜」の味は、江戸時代から続く固定種の「小松菜」でしか味わうことができない。

コラム 「桃太郎」よりおいしい固定種のトマト

初めて「そのトマト」の話を聞いたのは、一九九九（平成十一）年のこと。『桃太郎』を自家採種して、『桃太郎』よりおいしいトマトを作った人がいる」というのである。

最初は正直「そんなバカな」と思った。桃太郎はF1である。それも愛知ファーストにフロリダMH-1をかけた「後代」に、糖度の高いミニトマトと固定種の大玉トマトをかけた「後代」とをかけ合わせた、複雑な四元交配種と聞いている。

普通に自家採種したら、四種類の親と、その間の多種多様な雑種が生まれて、収拾がつかなくなるはずだ。でも、それを作ったコックさん（育成者である奥田春男さんは、当時ホテルの支配人兼シェフをされていたそうだ）は、自身の味覚だけを頼りに、五年の歳月をかけ、ついに桃太郎よりおいしいトマトに固定することに成功したという。

僕が実物にお目にかかったのは、二〇〇〇（平成十二）年の夏。そのトマトの存在を教えてくれた人の紹介で、奥田さんの会社・ポテンシャル農業研究所から「最近のおいしいF1完熟トマトの種が欲しい」との注文があり、当時まだ目新しいF1「ちあき」（日本園芸生産研究所、現在は廃番）のタネをお送りしたところ、やがて「確かにおいしかったけれど、うちのトマトのほうが味が良かった」という感想が届いた。僕が「信じられない」とメールしたところ、ちあきと「そのトマト」二十個ずつが箱入りで送られて来た。

僕は食べ比べてうなった。桃太郎よりおいしいはずのちあきより、ずっとずっと糖度が高く、おいしかったのだ。

「このトマトだったら、お金を出して買ってもいい。いくらだか聞いて」という女房の頼みで、「いくらですか？」と聞いたところ、「うちのトマトは高いですよ。二十個一箱で五千円」との返事に二度びっくり。女房も「それじゃ買えない」と諦めた。聞くところによると、当時の岐阜県知事がこのトマトを、お中元の贈答用に使っているとか。なるほどとうなずける味だった。

買って食べるのは諦めたが、その代わり芽生えたのは、「このトマトのタネを売りたい。普及させたい」というタネ屋の性《さが》だった。

当時はインターネットで固定種の販売を始めたばかりで、秋播きのタネの目玉商品は、「のらぼう菜」や「みやま小かぶ」などオリジナル品種があったが、春播きの果菜類にはオリジナル商品がなかった。

完熟トマトの固定種なら目玉になると思い、「販売用にタネを分けてもらえないか」という不躾なお願いを聞き届けていただけたのには、現在も感謝の一語である。

「販売するからには名前をつけてください」

「タイの農場の指導から帰ってきたところだから、トマトには、タイ語でおいしいという意味の『アロイ』、ミニトマトのほうは甘いという意味の『ワーン』にしましょう」と決まった。二〇〇一（平成十三）年春、インターネットの固定種販売品リストに載せた。

ちょうどこのタネが入荷したばかりのころ、農業雑誌に書いた僕の原稿を見て訪ねて来られたのが、長崎の岩崎政利さんだった。岩崎さんはこのアロイトマトに興味を示し、最初のお客様になった。

雲仙の岩崎さんの畑でアロイトマトから生まれた子孫は、十代目になった。

「ちょっと肥料が効き過ぎると暴れやすい。やっぱり桃太郎の系統だなと思ったが、三年目ぐらいから岩崎流の栽培になじみ、今では岩崎トマトになった」とおっしゃる。アロイトマトの故郷である飛騨の高山と九州では、気候が大きく違うため、同じ有機無農薬栽培といっても、トマトが気候や栽培方法に慣れるには三代という世代交替が必要だったのだろう。しかし、トマトと人間との長い歴史の中では、たった三年である。わずか三年で違う気候風土に適応し、花を咲かせ、実をつけ、次世代の種を結ぶ野菜の生命力は本当にすごいと感心した。
もっとも、一代限りのＦ１桃太郎から、固定種に生まれ変わったことを一番喜んでいるのは、子孫を残し続けられる、当のトマト自身に違いない（『現代農業』二〇〇六年二月号の記事を修正）。

タネは一年ごとに一万倍に増えていく。本来の野菜は力強さを持っている。一粒一粒に多様性があるから、先祖代々、渡って日本に伝わってくる途中、さまざまな病害に対する抵抗性の因子を取り込んできた。

Ｆ１は決まったお父さんとお母さんから生まれ、決められた一代目の子供だけ使われる。そしてＦ１のタネは翌年に播くことができない。Ｆ１の生命はそこで終わる。商品化された段階で生命は終わりだ。

メンデルの法則はメンデルの死後になって認められた。世界で広まり日本にも伝わった。当時の日本は、蚕が最大産業だった。日本人は、メンデルの優性の法則と雑種強勢を利用し、世界で初めて蚕を使った一代雑種の生き物を作った。

それはうちのおじいさんの代に始まった。日本の蚕と中国の蚕をかけ合わせＦ１にする技術を農水省が見つけ、父親と母親の卵をタネ屋に渡して孵化させＦ１の卵を採らせた。この蚕の品質は良くなかったが、大量に絹が採れるという長所があった。日本は「日支〇

○号」と呼ばれる蚕で中国との競争に打ち勝った。養蚕技師だった父も「難しいよ」と、蚕のことをよく知っていた。

その後、植物でも、ナスを一番手として一代雑種が作られた。アメリカではトウモロコシでF1種が使われていた。戦争が始まるまで一代雑種の研究は試験場で行われ、試験場はタネ屋に技術を教えていた。戦後になると、タネ屋自ら一代雑種を作るようになった。つい最近まで、マメ科とキク科だけは一代雑種ができないと言われていた。ところが、シュンギクやレタスでもF1ができるようになった。インゲンでも「雄性不稔」(第4章で後述)が見つかった。今後も続々新しいF1が登場することになりそうである。

僕はタネ屋を継いでから、各社のセールスマンに「あまりに野菜が変化している。大手種苗メーカーが野菜をまずくしている」と話しかけた。すると、セールスマンたちは一様に「そんなことありませんよ」と答える。

そんな中で「誠にもっておっしゃる通りです。申し訳ありません」と頭を下げた人がいた。それはサカタのタネの人だった。彼は偉かった。その後サカタの通販部長が部下二人を連れてやってきて、「のらぼう菜ってうまいんだぞ。何しろ固定種だからな。うちのF1なんか目じゃないぞ」と言った。非常にフランクな社風に驚いた(もっとも、社長が交代した最近は、「そうでもない」という人が多いが)。

今、固定種は壊滅状態で、F1の野菜ばかりスーパーに並んでいる。F1は一粒万倍。

固定種が「一粒万倍」ならF1は両親の「二粒で一万粒」の販売用タネを生み出す世界だ。生み出された一粒のF1種は、一代限りでその役目を終えてしまう。

スーパーや八百屋さんで売られている白菜は、中が黄色い黄芯《おうしん》白菜ばかりになっている。大半の黄芯白菜の片親には、韓国のキムチ用白菜が使われているという。昔のF1結球白菜、文字通り中の白い白菜はどうなっているかご存じだろうか？　産地で使われなくなったから交配の手間に見合った販売量が見込めないと、両親ごと捨てられて廃番となっているのだ。そのうち「白い白菜なんてものが昔はあった」と言われる時代が来るのかもしれない。

第4章

F1はこうして作られる

タネ屋ではF1のことを「一代交配種」と呼ぶが、遺伝学の本では「一代雑種」というのが本来の呼び方で、F1はまず雑種にしなければいけない。

雑種にするためには、自分の花粉で自分が受粉してしまうのを避ける必要がある。日本人同士が結婚したら日本人しか生まれてこない。日本人と黒人、日本人と北欧の人であれば、スマートな八頭身で、特徴のある、揃いのいい、テレビのアイドルになるようなかわいい女の子や男の子ができたりする。

一代雑種のタネはどのように作られているのか。私たちが普通に食べている野菜のタネを作る過程はブラックボックスになっている。種苗メーカーは製造過程の秘密を決して明かさない。タネの小売店にも明かさない。

「除雄」を初めて行ったのは日本人

一代雑種の作り方は、それぞれの花の構造によって異なる。

ナス科であるトマトは、花が開くと、自分の雄しべの花粉で雌しべが受粉し、タネを実らせる。これを「自家受粉」という。トマトはあまり交雑しないから、形質はほとんど変わらない。そのため、トマトの種類は世界中に何千とある。「エアルーム（お宝野菜）品種」という名のヨーロッパからアメリカに渡った、ひいおじいさんの時代にもたらされたトマトのタネが、いまだにアメリカに残っている。これは自家受粉のおかげである。自家受粉はF1には都合が悪い。自分の花粉を自分でつけては雑種にならないからだ。そのため必要になるのが、最も原始的な「除雄」という雄しべを除く方法だ。

小学校の低学年で習う通り、花には雄しべと雌しべがある。雌しべが熟し、受精可能になる前のつぼみのとき、小さなつぼみを無理やり開き、雄しべを全部引っこ抜いてしまう。雌しべだけの裸の哀れな姿にしておき、雌しべが受精可能になったときに、遠く離れた別の品種、ミニトマトなどの雄しべの花粉をとって、指先にくっつけ受粉させてやる。

これが一番基本的な一代雑種、F1の作り方だ。

トマトやナスは、一つの果実の中に五百粒ほど、スイカになると千粒ぐらいのタネが採れる。人間がわざわざ人件費をかけて除雄の作業をしたとしても、今までよりも値段を多少高くすれば、もとがとれる。

除雄を最初に行ったのは日本人である。一九二四（大正十三）年、埼玉県農事試験場が真黒《しんくろ》ナスと巾着《きんちゃく》ナスをかけ合わせ、「埼玉交配ナス」（埼交ナス）というものを作った。これは非常に雑種強勢が働き、たくましく、長い期間育って、実がたくさん採れると、評判を呼んだ。世界最初のF1野菜はナスだった。埼玉県農事試験場の成功を聞いて、全国各地の試験場が、特産伝統野菜のF1化に挑戦した。大阪ではトマトのF1を作り、奈良ではスイカのF1を作った。

スイカなどウリ科の野菜は、小学四年生で教わるらしいが、一つの株、一つのタネから芽を出し育ったものに、雄花と雌花二種類の花が咲く。他殖性なので自分の花粉より他株の花粉を欲しがる。だが同じ品種の花粉がつくと、一代雑種を作ることができない。

スイカの雌花の後ろには玉のような子房のふくらみがあるからわかりやすい。雑種にするためには、同系統の雄花が邪魔になる。そこで同じ畑の中の同じ系統の雄花が開かないように全部とってしまったり、つぼみのとき洗濯バサミみたいなもので花が開かないようにとめてしまう。

そして雌花が開花したとき、遠く離れた別の系統の雄花を持ってきて、花粉をつけてやる。日本のスイカのもとになっている品種は「旭大和」というスイカで、甘いスイカの代名詞だった。奈良県大和地方でできた非常においしいスイカで、皮に縞《しま》がない。旭大和を母親にし、外国から来た縞があって野性的で丈夫なスイカをかけ合わせた。

旭大和はおいしいが、皮が弱く輸送の途中で割れやすい。熊本で作ったスイカを東京に運ぼうとして、途中で割れてしまっては商品にならない。それでは困るというので、皮を厚くし実を大きくしようとした。

そこで選ばれたのが縞のある大きなスイカだった。これは固定種としてまずく、食えたものではなかった。しかし、非常に丈夫でカラスが突ついても割れないほど皮が硬い。これを父親にしてかけ合わせた。丈夫な縞のあるスイカの花粉をかけても、できた実は縞のないスイカである。縞のないスイカを割り、採れたタネを播くと、縞は優性なので、縞のあるスイカが生まれた。しかも味は縞のない母親譲りでおいしかった。

縞があることで交配に成功したことが一目でわかった。固定種時代は縞のないスイカがおいしいと言われていたが、F1の時代になって、日本中のスイカがみな縞のあるスイカになった。「縞王」という名の、縞の美しさを売り物にするベストセラーも出てきた。スイカの形が大きく変わった時代だった。

このようにして雄花を咲かせないようにして作られるのが、ウリ科のF1である。

自家不和合性を使ったアブラナ科野菜のF1

このほかF1の作り方としてさらに二つある。一つは、日本独特の技術で最近まで日本のお家芸と言われていた。発見したのはタキイ種苗がヘッドハンティングした禹長春《ウチョウシュン》博士だった。彼はアブラナ科野菜の「自家不和合性」という性質を利用して、新たなF1の作り方を確立した。

アブラナ科野菜である菜の花は、小さな花がごちゃごちゃしており、雄しべをいちいち引っこ抜いて花粉をかける作業は容易ではない。おまけにサヤに入っているタネは十粒から二十粒と少なく、人件費がかかり過ぎて採算に乗らない。

菜の花のようなアブラナ科の野菜にはおもしろい性質がある。自分の花粉でタネをつけることができず、他の株でないとタネがつかないのである。自分の花粉を非常に嫌がる、近親婚を嫌がる性質が働くのだ。これを自家不和合性という。

ただ、一つのタネから生えた同じ株、自分の花粉では受粉できないが、同じ母親から採れたタネ、兄弟分であれば実がついたりする。

別のタネから育った同じ系統の、例えば小松菜なら、小松菜の隣の株の花粉で受粉ができる。そこで、この兄弟の花粉がかかっても受精しないよう、純系の度合いを強めてホモ化させ、絶対に実らないようにするのである。

おもしろいことに、自分の花粉を嫌がる自家不和合性の性質はつぼみのときには働かず、花が成熟してから働く。

人間はそれを逆手にとった。つぼみのときに、つぼみをわざわざ小さなピンセットで開いて、すでに咲いている自分の成熟した花粉をつぼみにつけてやる。すると受粉してしまう。自分の花粉で自分の雌しべがタネをつけてしまう。すると当然「クローン」ができあがるのだ。

そして、この作業を一つひとつのつぼみ全部に、懇切丁寧に行うと、たった一株のクローンが何百、何千粒とできる。すべて自分の花粉、自分のクローンだから、花が咲き自分の花粉が兄弟分にかかっても、タネはできない。

例えば、こうした状態のカブと白菜をかけ合わせる。両方ともアブラナ科のブラシカ・ラパという学名で仲間である。自分の花粉でタネをつけなくなってしまった何千粒のカブの横に、同様に自分の花粉でタネをつけなくなった白菜を交互に播く。するとカブの花粉でタネをつけた白菜と、白菜の花粉でタネをつけたカブのタネができる。

目的とするF1のタネは、白菜にカブの花粉がかかったものだとしたら、花粉を出す役目を終えたカブは全部ブルードーザーでつぶしてしまう。混ざると異なった二種類のF1ができてしまうからだ。これでカブの花粉のついた一代雑種を持つ白菜のタネができる。ヨーロッパ生まれの根こぶ病の対抗性を持つ家畜用カブから、根こぶ病抵抗性を白菜に取り入れるときなどに使われている。目的とするカブの耐病性を取り入れたF1白菜ということになる。こうして耐病性F1白菜が販売されるわけである。

コラム 白菜の根こぶ病

定植後、順調に生育しているように見えた結球白菜が、虫に食われたようすも病斑もないのに、だんだん生気が衰え、朝露のあるうちはピンとしているが、日中は下葉がしおれて見るからに元気がない。

そんなときは、たいてい根に障害が起きているので、試みに根元を掘り上げてみるといい。コブができていたら、文字どおり根こぶ病である。

残念ながら、治す方法は、まだない。おまけに、このコブの中には根こぶ病の休眠胞子がつまっていて、土を掘った農具や土・肥料、タネなどに付いて伝染していく。休眠胞子嚢の中の胞子は、土中で数年間生き続け、次に寄生できるアブラナ科作物が植え付けられるのを待っている。非常に始末の悪い病気である。

結球白菜の農水省指定産地では当然大問題で、クロールピクリンや、ＰＣＮＢ粉剤などで土壌消毒するとともに、根こぶ病抵抗性品種（「ＣＲ」と表示されている）が作付けの中心になっている。

現在は二酸化炭素を利用

つぼみを開いて小さな雌しべに花粉をかけることによって、Ｆ１の片親を増やすやり方はものすごく手間がかかる。僕は父親からＦ１のつくり方を勉強してこいと言われ、「みかど育種」（現在は「みかど協和」）という千葉の会社に行っていたことがある。ちょうど三月下旬から四月初めの菜の花の季節だった。千葉県には新興住宅がいっぱいある。割烹着をつけた若い奥さんたちが毎朝何十人もパートでやってきて、毎日毎日、花粉を付けた虫が飛び込まないように防虫網で覆われたハウスの中で、同じ花の花粉をつけている。ああ、なるほど、F１を作るための片親一つ作るだけでも、毎年こういう作業が必要なのか、この人件費はいくらかかるだろうと思った。

Ｆ１は大会社の資本力がなければできない、タネはすべて大会社に任せる時代になったのだなとつくづく思った。

四、五年前に、ある種苗会社の人に「つぼみ受粉を見ていて、これからタネはＦ１の時代、大資本の大手種苗会社の時代になったということがよくわかりました」と言ったら、「野口さん、それは最初に勉強した三十年前の話でしょう。今はどこもそんなことしていませんよ」と言う。

「じゃあ、あのつぼみ受粉のために使っていた、若奥さんたちはもういらなくなったの？」「いりません」「今はどうしているの？」と聞いたところ、「今は二酸化炭素で受粉しています」

「えっ？　どういうこと？」と聞いたら、「野口さんだって本を買って持っているじゃないですか。その本に書いてありますから、帰ったらよく読んでください」と言うので、仕方なく『ハイテクによる野菜の採種』（誠文堂新光社、一九八八年）という本を読んでみ

F1野菜品種誕生の歴史（太字は雄性不稔）

1914	蚕の一代雑種利用が始まる
1924	ナス「埼交茄子」（埼玉農試）
1927	スイカ「新大和」（奈良農試）
1932	キュウリ「二号毛馬」（大阪農試）
1933	アメリカでF1トウモロコシ販売開始
1938	トマト「福寿1号」（大阪農試）
1944	**アメリカで雄性不稔玉ネギ発表**
1940年代	**アメリカで雄性不稔トウモロコシ発売**
1947	農産種苗法制定
1950	「1号白菜」「1号甘藍」（タキイ）
1951	農業用ビニール国産化
1956	芽キャベツ「早生子持」（タキイ）
1956	マクワウリ「三光」（大和農園）
1956	ピーマン「緑王」（むさし育種）
1957	カブ「早生大蕪」（タキイ）
1958	大根「春蒔みの早生」（タキイ）
1960	ホウレンソウ「ニューアジア」（永池）
1962	**玉ネギ「O・Y黄」（タキイ）**
1962	「プリンスメロン」（サカタ）
1962	ビニールハウス普及し始める
1963	ブロッコリー「晩生緑花耶菜」（タキイ）
1964	**ニンジン「向陽五寸」（タキイ）**
1964	東京オリンピック
1965	トマトの販売種子の80％がF1になる
1969	カリフラワー「スノーキング」（タキイ）
1970	農産種苗法改正
1971	**「ハニーバンタム」（サカタ）**
1974	「青首総太大根」（タキイ）
1978	種苗法制定
1979	コールラビ「グランドデューク」（タキイ）
1983	**春菊「夏の精」「冬の精」（石原種子）**
1984	**「向陽2号五寸人参」（タキイ）**
1985	「桃太郎トマト」（タキイ）
1994	アメリカでGMトマト「フレーバーセーバー」以後大豆、菜種、トウモロコシと続く
1999	**金系201EXキャベツ**
2004	**レタス「ファイングリーン」（カネコ）**
2006?	**「葵ししとう」（ナント）**

た。ああ、なるほど。

　まず最初の一株、数千粒ぐらいは社員のブリーダーがつぼみ受粉で増やす。社員が増やした最初のタネをハウスに播く。花が咲くころにハウスを密閉し、二酸化炭素（CO_2）をボンベから入れる。普通、大気中のCO_2濃度は〇・〇三六％。それを百倍以上の三～五％にまで高める。すると、菜の花の生理が狂って、成熟した花が自分の花粉でタネをつけてしまう。その際、ミツバチを放し、ミツバチに受粉作業をさせるのだそうだ。

　CO_2濃度を高めたハウスの中では、人間は酸素欠乏で生きていられない。しかし、体液にヘモグロビンがないミツバチは、酸欠を起こさずに蜜を集めながら受粉してくれるという。なるほどこれなら、人件費をかけなくても交配する片親のタネが大量に採れ、増やすことができるわけだ。

もともと、つぼみ受粉は日本人女性のような手先の器用な人でないとできなかった。ヨーロッパ人やアメリカ人にやらせようと思っても、手が大きすぎてうまくいかなかった。また菜っ葉は外国にほとんどないから、日本のお家芸と言われ、進歩してきたが、今、状況は大きく変わりつつある。

右頁の表はF1技術の変化の歴史である。大正時代、日本人が除雄を始めた。その後は自家不和合性を使った方法が採用された。さらに近年、自家不和合性に代わって増えてきているのが「雄性不稔《ゆうせいふねん》」という方法である。以前は自家不和合性によって作っていたキャベツをはじめ、さまざまな作物が雄性不稔で作られるようになっている。

タネのできない花が見つかった

雄性不稔とは、植物の葯《やく》や雄しべが退化し、花粉が機能的に不完全になることをいう。動物に当てはめれば、男性原因の不妊症だ。

近年、無精子症など、子孫を作る能力のない動物がよく現れるようになった。人間でも

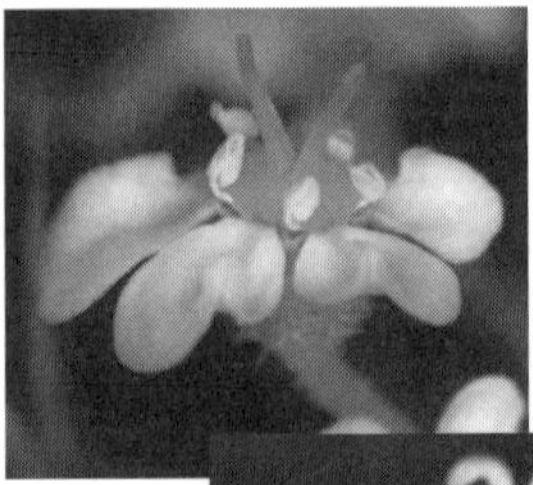

ニンジンの
正常花

ニンジンの
雄性不稔花

増えている。植物も広い畑で固定種を栽培していると、何千何万株の花の中に一つ、ぽつんと雄しべが異常な花が見つかることがある。

　写真はニンジンの花である。ニンジンの花は真っ白い小さい花がわっと傘のように集まって広がった形をしている。その一つひとつの小花を見ると、雄しべがあり、雄しべに葯があり、葯の中に花粉が詰まっている。それが本来の正常なニンジンの花である。

　ところが、雄しべとも言えない、妙な形に変化し、花粉を持たない花がたまに見つかる。普通ならばこうしたものは自然に淘汰され、子孫はできないし、そのまま消えてしまう。しかし、人間はこういうものを見つけると、「しめた」と思うのである。

　この花ならいちいち雄しべを引っこ抜く必要がない。最初から雄しべがないから、そばに必要な花粉を出す別の品種を植えておけば、容易にF1ができてしまう。

　葯や雄しべがない花は、一九二五（大正十四）年にアメリカの玉ネギ畑ではじめて見つかった。カリフォルニアの農業試験場でジョーンズという技師が赤玉ネギのタネ採りをしていた。品種別に袋をかけたりして、このタネを採ろうとしていたところ、運命のいたずらか、ちょっと変な株を見つけた。これが雄性不稔だった。

健康なものに比べて、見るからにいじけている。雄しべが退化してしまって花粉が出ない。ジョーンズ技師はおお、これはおもしろい、何か役に立つかもしれないと思った。玉ネギは球根みたいなもので、根っこで増やすこともできるし、花粉が出ない花は子孫を残すためにトップオニオンというミニ玉ネギをまとっていた。それで少しずつ増やしながら、いろいろなことをやってみた。

自分の花粉が出ないから自分のタネをつけることはできない。では、他の花粉をつけてみたらどうなるだろう。繰り返しているうちに、いくつかのことがわかってきた。雄性不稔は赤玉ネギで見つかった。赤玉ネギは甘く、やわらかく、みずみずしいから、サラダにしてもおいしい。しかしやわらかいために貯蔵性がなく、メジャーな作物にならない。

そこで、いっときだけ流通する赤玉ネギを、メジャーな黄色の玉ネギに変えようとした。まず、この花粉が出ない赤玉ネギを増やし、ハウスに植え、そばに黄色の玉ネギを播いた。そしてミツバチを使って黄色の玉ネギの花粉をつけさせた。赤玉ネギは花粉が出ないけれど、生き物の宿命として子孫を作りたくてしようがない。

こうして、赤と黄色の雑種のタネが生まれた。最初に生まれたのは赤玉ネギ五〇%、黄色の玉ネギ五〇%のタネだ。この子は母親譲りの雄性不稔なので花粉がなかった。

翌年この合いの子をハウスに播き、さらに最初と同じ黄色の玉ネギを播いて、黄色の玉ネギの花粉をつける。すると、赤玉ネギが二五％、黄色の玉ネギ七五％の孫ができる。すると孫も、おばあさん譲りの雄性不稔になっていく。

さらに赤玉ネギ一二・五％、黄玉ネギ八七・五％と何年も繰り返していく。他の品種から必要な性質を取り込むこの方法を「戻し交配（バッククロス）」と言う。すると、見た目は限りなく黄色の玉ネギなのだけれど、ひいおばあさんのひいおばあさん譲りの雄性不稔、花粉の出ない黄玉ネギが誕生する。

これができればしめたもので、これを今度はＦ１の母親株にして、畑に播き、そばに必要な雑種強勢が働く、遠く離れた系統の特徴ある性質を取り込む父親役を播いて、ミツバチによって交配すれば、販売用のＦ１玉ネギのタネが採れる。こうして雄性不稔利用の技術が完成した。この雄性不稔のＦ１玉ネギが発表されたのは、第二次世界大戦もたけなわの一九四四（昭和十九）年のことだ。

その後、ニンジン、トウモロコシなど、雄性不稔はいろいろな作物に利用されるようになる。

雄性不稔はミトコンドリア遺伝子の異常

ここで視点を変え、雄性不稔がなぜ生まれるのか、なぜ母親株から子供に引き継がれるか考えてみたい。ミトコンドリアの話を思い出してほしい。雄性不稔が発見された当時、何が原因なのかよくわからないまま、母系遺伝する「非メンデル遺伝」などと言われていたが、今では原因がわかるようになった。要するに雄性不稔はミトコンドリア遺伝子の異常であった。

ミトコンドリア遺伝子の異常は、母親から子供に伝わっていく。代々の子供はみんな子孫を作れない無精子症になる。母親の個体異常が子供へどんどん広がっていく。今売られている玉ネギはほとんどF1である。この玉ネギを買って、畑に植えてみればよくわかる。咲いた花は全部いじけた花粉の出ない花になる。

先に述べたように近年、人間の男性不妊症や動物の不妊も、ミトコンドリア異常が原因だと言われている。二〇〇六（平成十八）年十月三日付け読売新聞は、「動物の男性不妊症、無精子症はミトコンドリアの変異が一因」と伝えている。見出しは「一因」とあるが、記事はほとんど「主因」と読める。

ミトコンドリアの遺伝子が傷ついたことによって、精子の数や運動量が減り、不妊症状、無精子症になることがマウスを使った実験でわかったという記事である。

第2章で述べたように、ミトコンドリアは本来、生命体にとってなくてはならないエネルギーのもとである。ミトコンドリアは呼吸によって酸素エネルギーを細胞に供給するとともに、傷ついたり老化したりすると、活性酸素（フリーラジカル）を出して細胞や遺伝子を傷つける。

ミトコンドリアが傷つくことによって、動物も植物も子孫を作る能力がなくなってしまう。ミトコンドリア遺伝子の異常を起こした植物が雄性不稔のF1になった。我々はそのF1野菜を食べている。我々は日常的に、生殖能力を失った、ミトコンドリア異常の野菜を食べている。玉ネギのミトコンドリアは玉ネギ全体の重さの一割を占める。玉ネギの異常遺伝子は脈々と受け継がれていくのである。

アメリカのF1トウモロコシも大半が雄性不稔

アメリカ農業にとって、トウモロコシは一番大事な作物である。アメリカという国はトウモロコシで成り立っていると言ってもよい。僕が農場研修を受けたみかど育種の先代社長が、若いときにアメリカで修業をした。そのときアメリカの種苗会社社長から「アメリカはなんで日本に（戦争で）勝ったのかわかるか」と聞かれ、彼は「国力が違ったから」

と答えたが、先方は「トウモロコシのF1のおかげなんだ」と言ったそうだ。アメリカはF1トウモロコシをロシアやヨーロッパに大量に輸出し、国力を高めた。今でもアメリカではトウモロコシの研究が非常に盛んである。

アメリカのF1トウモロコシはどうやって作られてきたのか。九月の新学期前の長い夏休み、全米のアルバイト学生をトウモロコシ畑に動員し、トウモロコシのてっぺんに咲く雄花を全部鎌で取り除く。そして、そばに欲しい雄花の花粉を出すトウモロコシを植えておけば、トウモロコシは風媒花だから自然に雑種ができる。アメリカではこういう形でF1トウモロコシ栽培が始まった。その後、雄性不稔のトウモロコシが見つかり、全米を席巻するようになる。

今アメリカで売られているF1トウモロコシのほとんどは、雄性不稔を使ったものだ。たった一株の雌（テキサス型）が増やされ、雄花をカットする方法から、雄性不稔の母親を使う方法に変わったのである。

ところが、その一株の母親が持っていた遺伝子は、「ゴマハガレ病」に対し、抵抗性を持っていなかった。第二次世界大戦後、この病気によって全米のトウモロコシがバタバタ倒れ、大不作になった。

トウモロコシの雄性不稔は、ミトコンドリアのどこに異常があるのかがわかっている。要するに、ミトコンドリアの膜に異常があったのである。膜の異常によって子孫を作ることができない、花粉の出ない固体の誕生に結びついた。細胞の核の中の遺伝子と、何千とあるミトコンドリア遺伝子はお互いに連携をとりながら機能している。膜に異常があると、ミトコンドリアと細胞の核の連携がとれなくなる。おそらく、ミトコンドリアの膜が硬すぎて核が出す信号を受け付けないなど、情報が伝達できなくなったのだと考えられる。そのことが子孫を作れなくしているのではないか。

アメリカのトウモロコシは、一株の雄性不稔が拡大したことによって大凶作となった。もし、多様性のあるタネを育成していたら、被害の広がりを防げただろう。アメリカではその後、新たに二、三種類の雄性不稔株が見つかり、現在はその子孫が増えている。

ゲノムを超えて受け継がれる雄性不稔因子

僕は、当初、雄性不稔のことがよくわからないまま、ホームページで、「F1とはこういうことですよ」と書いてきた。除雄や自家不和合性利用なら、自分でも見ているから簡単に説明できたのだが、雄性不稔についてはさっぱりわからなかった。

本を見ても雄性不稔については難解な書物しか出ておらず、よくわからないままホームページに、「こんなことじゃないかと思います」という文章を書いたら、それを読んだうちのお客さんから、すぐメールが来た。「何か相当混乱しているようだから、お教えしましょう」と。おかげですべての疑問が氷解した。

雄性不稔はミトコンドリアに由来する形質なので、母方から子に遺伝する。つまり、雄性不稔の母親の子供はすべて雄性不稔になる。例えば、アブラナ科野菜の場合、雄性不稔を利用すれば、戻し交配を繰り返すことによって、既存のF1品種の雌親、母親を簡単に雄性不稔化することができる。アブラナ科の場合、雄性不稔の因子は大根で発見され、キャベツや白菜に導入された。日本で最初に見つかったのは「小瀬菜大根」という葉大根だった。

上：大根の雄性不稔の花（左）。右は正常な花
下：小瀬菜大根

日本では、小さな小瀬菜大根から見つかった雄性不稔因子がキャベツや白菜に導入された。アメリカは雄性不稔の本場だから、それより先にラディッシュの中に雄性不稔が見つかり、F1が誕生した。

写真は小瀬菜大根である。小瀬菜大根は宮城県で採れる葉大根である。根っこは大したことはないが、葉っぱが一メートルにもなり、おいしい。この小瀬菜大根から異常な花が見つかった。

キャベツの花（正常）

キャベツの花（雄性不稔）

普通の大根は雄しべがあって、葯があり、花粉を出して子孫を作ることができる。これに対し、雄性不稔の花は雄しべが退化しており、子孫が作れない。こうした異常な花をもとにどんどん大根が雄性不稔化されている。

スーパーや八百屋さんで売られている雄性不稔のＦ１野菜のタネを播くと、花粉のない異常な花が咲く。こういう野菜が増えている。戻し交配を繰り返すことによって、既存のＦ１品種の雌親を簡単に雄性不稔化できる。すなわち、小瀬菜大根の雄性不稔因子は、大根だけでなく、すべてのアブラナ科野菜のＦ１作りに利用されているのだ。

キャベツはかつて自家不和合性を利用してＦ１を作っていた。自家不和合性利用のＦ１キャベツには父親役株と母親役株があった。この母親役のタネをハウスに播く。ハウスの一方には雄性不稔の大根がある。そこにボンベから二酸化炭素を入れて、大根の生理を狂わせる。花が咲いたら、ミツバチを放す。

前述した通りミツバチは血液にヘモグロビンがないから酸欠を起こさない。このハウスの中でちゃんと働き、自家不和合性利用で作っていたころの母親役キャベツの花粉を雄性不稔の大根につけてくれる。

すると、自然界では大根とキャベツはゲノム（全遺伝情報）が違うから、絶対混ざらないはずだが、二酸化炭素の濃度が高められたことによって、大根の生理が狂い、キャベツ五〇％、大根五〇％の合いの子のタネを産む。

ゲノムが違う異種間でも受粉しタネができるのは、強いストレスで、このままじゃ大変だということでタネを作ると言われている。花粉異常の大根は、正常なキャベツの花粉によって子供を作る。

この子は母親譲りの雄性不稔だ。翌年、この合いの子にまた母親役キャベツの花粉をかける。玉ネギと同じで、二五％と七五％。また翌年、ここに播いてということを繰り返すと、限りなくキャベツだが、大根のひいおばあさんのひいおばあさんのひいおばあさん譲りの、雄性不稔で子孫を作れないキャベツの母親株が生まれる。

あとは、タネを畑に播き、そばに自家不和合性によって作っていたころのキャベツの父親役を播いておき、両者の花が咲いたらミツバチを放つ。ミツバチは花粉をつけてくれ、雄性不稔のF1キャベツのタネが採れるという具合になっている。

このように今、自家不和合性から雄性不稔利用へと、キャベツ、カブ、白菜などのアブラナ科野菜がどんどん生まれ変わりつつある。

春播きの青首大根もすべて雄性不稔に

春播きの青首大根には種類がたくさんある。ある種苗会社のセールスマンは技術に詳しい人なので、カタログを見せ、「ねえねえ、教えてよ。おたくの春の青首大根の中で、どれとどれが昔からあるの？　昔通りの自家不和合性利用はどれとどれ？　今の雄性不稔に変えられてしまった大根はどれとどれ？」と聞いた。

すると「うーん、普通これは絶対に口外しちゃいけないんだけど、まあ野口さんだからいいか。昔通り自家不和合性で作っているＦ１はこれだけ。ただ、これは今年限りで廃番になりますから、来年からは春の青首大根はすべて雄性不稔になります」と。

もうそこまでいっているのか、へぇ〜と驚いた。日本の大手種苗会社サカタとタキイ二社のカタログを見てみると、サカタの代表的な品種で大きなシェアを誇っている金系二〇一号という春キャベツがある。数年前から「金系二〇一号ＥＸ」と尻尾に「ＥＸ」とついたものが一緒に並んで掲載されるようになった。

タキイの場合、キャベツ名の後ろに「ＳＰ」とついたものが同じ品種名で出始めた。「ＥＸ」はエクストラ、「ＳＰ」はスペシャルの略だろう。これがついたものが新たに生まれた雄性不稔のキャベツである。

父親と母親は今までとまったく同じだ。違うのは母親が花粉を作れないようになっているだけ。だから同じ品種名である。どこが違うのか。「人気の金系二〇一号の成育が揃うように改良した品種」とある。「一斉に収穫し、畑を効率よく使いたい方にお勧め」とある。畑を効率よく使いたくない農家はいないから、今後どんどんこれらに変わっていくだろう。

なぜ新旧並列しているのかといえば、おそらく古いタネの在庫がまだたくさんあるからだ。古いタネがなくなるまでは同時進行、やがてすべて雄性不稔のものに変わっていけば、「EX」や「SP」をつける必要がなくなり、今までと同じ品種名になるのだろう。

タキイも「SPは従来の〇〇〇に改良を加え、発芽後の揃い性を高めました」と説明している。揃いが良くならないことにはお金にならない、より揃いが良くなって、ロスが少なくなりました、と言っているわけである。日本の野菜すべてがこういう方向に向かっている。

ピーマンも雄性不稔

ある時、普通の健康なピーマンの中に、雄しべが退化したピーマンが見つかった。このピーマンは自分の花粉で子孫を作れないけれど、よその花粉をもってくればＦ１の子孫を作ることができた。しかしピーマンのＦ１品種はまだ出ていないようだ。おそらく今までより揃いが良くなったと言えるものが生まれていないからだろう。

その代わりにシシトウで、ピーマンの雄性不稔を使った品種が生まれている。このシシトウを買って食べ、またはそのまま置いておけば、成熟して赤くなり、タネができるかもしれない。そのタネを播き、芽が出たシシトウは、花粉がなくて実がつかないことになる。雄しべを引っこ抜いて作るＦ１では、タネが採れてしまう。ところが、雄性不稔の個体が見つかれば、雄性不稔を利用したＦ１はタネが盗まれず、品種を独占できる。

僕は高知県南国市の講演に呼ばれたことがあって、その依頼で南国市役所の人がうちに来たとき、この話をした。南国市は日本一のシシトウの産地だそうだ。南国市で作っているシシトウの九九・九％はすでに雄性不稔を使った「葵ししとう」に変わっているという。生産者のうち一人か二人、頑固な方がいて、今まで通りの品種がいいという。それ以外はみな雄性不稔Ｆ１に変わったという。この南国市産のシシトウは東京、大阪方面に出荷されている。

これまで述べたことはすべて事実である。雄性不稔について「困惑されているようだから教えましょう」と教授してくれたのは、うちのお客さんで某大手種苗会社の技術者だった。彼は雄性不稔を実際に会社で開発している。しかし、自分と家族が食べる野菜の分は、うちから健康な昔ながらの野菜のタネを買って自分で育てている。

コラム 最近のタネ屋事情

僕はタネ屋の将来も、タネそのものの未来についても、非常に危機感を持っている。F1のタネは現在ほとんど一袋五百二十五円で、これが最低の値付け。結構高い。わけのわからないものでは百円で二袋というものもある。外国産で大量に仕入れたものを低温貯蔵庫に入れる。売れずに残ったものの処分値なのだろう。

タネは今やグローバル商品。日本に採種農家がいなくなり、海外で採らざるを得なくなっている。コストに目を奪われ日本の採種農家を育て損なったことも原因だ。海外の単価がずっと日本の採種農家の単価にもなっていた。昭和四十年代から日本のタネ採り農家の買い上げ価格はほとんど上がっていない。やる人がいなくなるわけだ。これでは本当にだめだと思う。

現在、残っているタネ屋は一千軒を切っただろう。あそこがやめた、ここもやめた。しょっちゅう耳に入ってくる。終戦直後からタネの配給時代になった。その頃はタネ屋です、と登録すれば、タネがどんどん配給でくる。日本中、特に都市部の人間は食糧難だったから、自宅の庭を耕したり、学校のグラウンドで野菜を作っていた。

タネがあるというだけで朝、店を開けるとお客さんが列を作って並んでいた。農機具屋さんとか升屋さん（計量器屋）など農業に多少関係したところは、タネが欲しいから、みんなタネ屋の監札をもらった。そのころ全国で三千軒やそこらはあったはずだ。

もっともタネ屋が減っている一方で、ホームセンター（HC）は増殖している。種苗業界は農家もタネ屋も盆暮れ勘定だった。タネ屋は農家にタネを預けて、農家は盆暮れに払いにやって来るので、タネ屋は酒の支度をして待っていた。

半年分を受け取り、「まあ、一杯」となる。農家から入る金をメーカーに支払い、春播きが終わったら秋ダネの予約注文（秋播きが終わったら春の注文）を入れる。「お薦めの新品種の特性は?」と聞いたり、こういうことを繰り返していた。

ところが、HCになるとそんなことは言っていられない。売れている大手メーカーのタネが並べてあるから、営業マンはタネ屋じゃなくてHCを回って補充するのが主な仕事となる。同じタネでも五〜一〇%安い。コメリ（掛け売り、収穫期払い）のようなHCもあるから、タネ屋がいらない時代になってきた。

第5章

ミツバチはなぜ消えたのか

二〇〇七年に起こったミツバチの消滅現象

ここからは僕の仮説、まったくの仮説だ。

二〇〇七（平成十九）年二月二十七日、時事通信が、「ミツバチが忽然と消えるイナイイナイ病」という記事を配信した。

「全米で巣からミツバチが突然いなくなるという現象が発生しているという。前日まで大量にいたミツバチがある日突然、女王蜂と数匹のハチを残して忽然と消えてしまうそうだ。何らかの病気にかかって巣の外で大量死したのではないかと見られているが、巣の周りに大量のミツバチの死骸があるわけでもなく、未だはっきりした原因はわかっていないという。この現象、イナイイナイ病（disappearing-disappearing illness）と呼ばれているそうで、一九六〇年代にも同様の現象が起こったことがあるらしい」

この記事は、やがて世界を駆けめぐるミツバチのニュースのさきがけとなった。

一か月半後の四月十三日、時事通信は「世界からミツバチが消える日」のタイトルで、「毎日新聞の報道によれば、蜂群崩壊症候群（CCD：Colony Collapse Disorder）と命名されたようだ」と、次のように続報した。

「イナイイナイ病やミツバチ消失症候群（VBS：Vanishing Bee Syndrome）のほうが

直感的な名前だとは思うが、消失に季節要因が見られないこと、一般的な意味で病気ではないだろうと見られることから、名称が変更された。本来帰巣能力が高いミツバチが、巣箱に戻らず姿を消し、群れの縮小が崩壊と言われるほど急なことが命名の理由のようだ」とある。引用された毎日新聞の「《ミツバチ》米国で大量失踪　農作物にも影響」という記事では「養蜂業者が飼育するミツバチが巣箱から大量失踪する原因不明の現象が北米に広がっている。全米五十州中の二十七州とカナダの一部で報告され、管理するハチ群の九割を失った業者もいる」と報道し、以下の文章が続いている。

「昆虫学者によると、米国では約百種の植物がミツバチによる受粉に頼っている。農作物ではアルファルファ、リンゴ、アーモンド、かんきつ類や玉ネギ、ニンジンなど。米国のミツバチ群は〇二年で約二百四十万（議会調査局調べ）。」

当時僕は、こうして始まった一連のミツバチ騒動を見過ごしていた。

もしかしてタネに関係あるんじゃないか？　と思うようになったのは、二〇〇九年六月二十五日の日本農業新聞で「欧州ミツバチ報告　卵産まぬ女王が続々」という記事を目にしてからだ。「ヒマワリ、ナタネ、トウモロコシの単作農業地帯で被害が大きい」とし、「産卵数が極度に少なくなる〝不妊症〟の女王バチの存在」に、養蜂業者が気づいたという。いったい何が起こっているのだろうか。

F1のタネ採りに使われているミツバチ

ＣＣＤと命名されたという記事の後半部分を見ると、ミツバチの受粉に頼っている農作物として、約百種の植物があるという。牧草のアルファルファ、リンゴ、アーモンド、柑橘類……。ここで「えっ」と思った。玉ネギ、ニンジンなどと書いてあったからだ。果実を収穫するため受粉が必要というのはわかるが、玉ネギとかニンジンのような根菜の収穫になぜミツバチが必要なのか。要するにこれはF1のタネ採りなのだ。玉ネギやニンジンは雄性不稔の代表である。子孫を作れない玉ネギやニンジンの母親株に、健康な父親株から花粉をつけるため、ミツバチが必要なのである。

チリにあるサカタのタネのニンジン畑について、前社長の講演記録を見たことがある。先に玉ネギの話があった。玉ネギの採種畑では、雌株で花粉の出ない系統と、花粉の出る系統が並んでいる。雄性不稔の雌と花粉を出す雄株である。ニンジンも玉ネギと同じようにミツバチが飛んで、花粉が出る株から花粉を持って花粉の出ない株へ移ってタネをつけ続ける。

上空から撮影したニンジン畑の写真を見ると、細く筋がついているように見える。これがニンジンの雄株で、白く見えている大部分のところが全部雌株になるという。見ると一

「合衆国サンペニート郡ホリスタ村藤本正孝氏所有種子園475エーカー図はアニオン種なり」「米国ホリスタ市松野福祐氏寄」とある。
（出所）『農業世界増刊　蔬菜改良案内』

列の雄で十〜二十列ぐらいの雌に花粉をつけているのではないかと思う。ここで働かされているのも、みんなミツバチである。ミツバチは大体二キロ四方を飛行する。見渡す限りの広大な面積に一品種のＦ１ニンジン畑が拡がっている。

玉ネギの採種は日本ではそれほど行われていない。日本の種苗会社は外国の種苗会社に父親と母親を渡し、委託採種している。だから、ほとんどのタネが外国産になっているはずだ。

外国の玉ネギの採種畑は、地平線まで続くような広大なところだ。

一九一一（明治四十四）年に刊行された『農業世界増刊　蔬菜改良案内』という雑誌に「在米日本人経営の大種

子園」という記事があり、日本人農業移民の畑が紹介されている。日本人の移民がアメリカの種苗会社の委託を受けて、玉ネギのタネを採っている。面積は四百七十五エーカー。たった一人の日本人移民、藤本正孝さんの大種子園である。四百七十五エーカーをメートル法に直すと約二百ヘクタール（二百町歩）。

この当時はまだ固定種の時代だから、周りに普通にいるミツバチ、ハナアブなどに花粉交配をしてもらっていた。その後のF1時代にもこの畑で採種しようとすると、雄性不稔株三列に対し、一列子孫ができる花粉親の玉ネギを植える。この一列の花粉親の花粉を、ミツバチを使って三列につける。タネをつけた花粉親はその後抜き捨てられる。

もし、この人がまだ農業をやっているとして、同じ土地でF1でも同じだけの量を採りたいと思ったら、三対一だから畑を二五％広げる必要がある。それで同じ株数になる。しかも、F1のタネは固定種に比べ一株で半分以下しか採れない。すると固定種と同じだけ採るためには、少なく見積もっても五百ヘクタール（五百町歩）、倍以上の面積が必要だろう。では、その畑にはどれだけのミツバチが必要なのか。

うちへ来た、大根の雄性不稔のタネを採っている種苗会社の人に聞いてみた。「大根の採種で、雄性不稔に普通の花粉をかけるのに、ミツバチはどのぐらい必要なの？　十アール（約一反）あたり、巣箱がいくつ必要？」と聞いたところ、「一箱から二箱ですね」と言う。一反で一箱から二箱ということは、例えば五百町歩には何箱のミツバチが必要なのか。おそらく数千箱もの巣箱のミツバチが必要だろう。

一つの巣箱には二万匹から五万匹の働きバチがいる。だから、数千万匹から一億匹のミツバチが花粉の出ない花の蜜を集めて暮らすことになる。彼らは本来、植物の受粉のために生きているわけではない。蜜を集め、子孫を育てるために活動しているのだ。

一軒の養蜂業者だけでこれだけの規模になる。全米の採種農家と養蜂業者の総数はわからないが、玉ネギやニンジンの開花期に働いているミツバチはおびただしい数になることだけはわかる。

確証は見つからないが

ミツバチは雄性不稔の花の蜜を集めている。その蜜で次代の女王バチやオスバチを育てる。この蜜とは何だろうか。蜜の糖はタンパクとは違う。糖を食べてミツバチの体質が変わったり、生殖能力が落ちるようなことはあるのか。このことを調べようとしても、書いてある本はなかった。

巣箱にいる二万〜五万のハチはほとんどがメスの働きバチで、繁殖能力はない。このメスバチたちが次の世代を育てている。メスバチたちを統括しているのは女王バチである。女王バチは一日に千五百の卵を産む。大半はメスの働きバチになり、一部に次の女王バチとオスバチが五〜十匹生まれるという。

特別大きな部屋（王台）の中で、女王バチは次の女王バチの卵を産む。幼虫が育つと、働きバチはタンパク質が主成分であるローヤルゼリーを与え、幼虫は女王バチになる。同時に、オスバチが何匹か生まれるのだが、このオスバチは自分の巣の女王バチとは交尾しない。未受精卵から生まれるオスバチは、ミトコンドリア遺伝子だけでなく、核の遺伝子も女王バチの遺伝子しか持たないから、近親婚を回避する力が働いているのだろう。

やがてオスバチが成長すると、空中に飛んでいって旋回しながら別の群れの女王バチが出てくるのを待つ。女王バチが出てくると、オスバチたちは女王バチに向かっていく。他の遺伝子を持っている女王バチに精子を与えるために、オスバチは存在する。空中で交尾し、精子を出し尽くすと、オスバチは死ぬ。交尾できなかったオスバチは元の巣に戻るが、やがて追い出されて死ぬ。

オスバチもメスバチもみな、一匹の女王バチから生まれた子供だ。メスの働きバチが雄性不稔の植物の蜜を一生懸命集めてきて、その蜜で育った女王バチから、繁殖能力のないオスバチが生まれてきているとは考えられないか。

ミツバチの進化は、百万年以上前に完成しているのだという。百万年以上ずっと子孫の繁栄のために無償の奉仕を続けてきた働きバチたちが、一九六〇年代に小規模に一度、二〇〇六年冬と二〇〇七年冬の二年間に、それぞれ全米で二百四十万群という巣箱から、三割以上のハチが消えてしまったというのだ。百万年絶えることなく受け継がれてきた本能を、覆す何かがこの数十年間に起こっている。それはいったいなんなのだろう。

日本では、ネオニコチノイドという新農薬によるものという説が一般的である。しかし、ネオニコチノイドは一九六〇年代にはなかった。日本で起こっているのは、外で農薬を舐めた働きバチが、巣に帰る途中や巣のまわりでバタバタと地面に落ち、ベロを出したまま死んでしまう現象で、これは確かにネオニコチノイドによる農薬被害だろう。しかしアメリカやヨーロッパで起こったCCDは、巣箱のミツバチのほとんどが女王バチと数匹のハチを残して突然いなくなり、死体がどこにも見つからない現象だというのだから、日本で起こっている事態とは明らかに違う。

ベストセラーになったジェイコブセンの『ハチはなぜ大量死したのか』では、CCDの原因説として。

1　ヘギイタダニ説
2　ハチのエイズ（免疫不全）説
3　携帯電話の電磁波説
4　遺伝子組み換え（BT）作物説
5　地球温暖化説
6　イスラエル急性麻痺症ウイルス説

7　ノゼマ病菌説
8　ネオニコチノイド説
9　抗生物質説
10　単一作物ストレス説

など数々の可能性を検証している。しかし、どれも「ミツバチから集団としての知性が失われたような」巣を見捨てていなくなる原因には直結せず、環境汚染も含めた「複合的な原因」ということで、犯人探しはストップしてしまっている。本書をここまで読まれてきた読者だったら、「何か忘れていませんか」と思わないだろうか。

ミツバチが消えた季節は、晩秋から早春のようだ。女王バチは産卵をやめ、巣には新しい女王バチとオスバチが誕生し、古い女王バチと巣の半分の働きバチたちは、分封《ぶんぽう》（巣別れ）準備を始めるころにあたる。数万匹の働きバチたちは、役目を終えて巣から解放され、飛び立ったのだろうか。いや、古い女王バチが分封しても、新しい女王バチは交尾後、生まれた巣に戻り、新しい卵を産み続けるのだから、彼女ら働きバチたちの育児という役目は終わっていないはずだ。では、なぜ？

僕の仮説はこうだ。

1　一九四〇年代、玉ネギを筆頭に、ニンジンなど雄性不稔植物に受粉させてF1種子を得るため、養蜂業者のミツバチが活用されるようになった。

2　ミツバチたちはミトコンドリア遺伝子異常の蜜や花粉（花粉親のミトコンドリアは正常だが、雄性不稔株はおうおうにして自分の異常を直そうと修復を図るそうだから、修復途中の異常花粉が混じることもあるだろう）を集め、ローヤルゼリーにして次世代の女王バチの幼虫に与える。与えられて育った女王バチは、サナギになり、羽化して巣を継承する。

3　新しい女王バチは他のコロニーのオスバチと交尾して継承した巣でたくさんの働きバチを生むとともに、次の女王バチと数匹のオスバチを生む。このオスバチは未受精卵であるから、女王バチの遺伝子しか持っていない。

4　養蜂業者は一定の農家と契約しているはずだから、雄性不稔F1種子の受粉のために使われているミツバチは、世代が代わっても同じ季節には同じ採種農家の畑に行くだろう。したがって、この養蜂業者が所有するミツバチは、代々雄性不稔の蜜と花粉を集めて次世代の女王バチとオスバチを育て続けていく。

5　ミトコンドリア異常の餌で育った女王バチは、世代を重ねるごとに異常ミトコンドリアの蓄積が多くなり、あるとき無精子症のオスバチを生む。

6　巣のオスバチすべてが無精子症になっていることに気づいたメスの働きバチたちはパニックを起こし、巣の未来に絶望するとともに本能に基づく奉仕というアイデンティティーを失い、集団で巣を見捨てて飛び去る。

7　それが最初に起こったのが報道通り一九六〇年代だったとしたら、オスバチが無精子症化するために約二十年という継代が必要だったのだろう。
8　だとしたら一九八〇年代にも起こっているはずだが、その記録は今のところない。
9　二〇〇六年と二〇〇七年以降のCCD発生情報も今のところ聞いていない。もしこの仮説が証明されるとしたら、二〇二〇年代にもっと巨大な規模でCCDが全世界で発生するときかもしれない。

二〇〇九年六月の『日本農業新聞』にフランスのミツバチ報告が掲載されたが、それによると、フランスでもミツバチは「玉ネギなどの採種に活躍して」おり、またフランスでは「卵を産まない女王バチが続々増えている」のだそうだ。また同時期の同紙によると、日本ではミツバチが不足しているため海外から何万匹もの女王バチを輸入しているのだが、この女王バチから生まれたオスバチは受精能力が低く、自然交配では受精率が落ちるため、精子を採取して女王バチに人工授精しているのだという。こうした報道も、僕の仮説の傍証になるような気がするのだがどうだろう。

とりあえずアメリカやヨーロッパの養蜂業界に詳しい方がいたら、CCDが起こった巣箱のミツバチが、過去に玉ネギやニンジン種子の受粉に定期的に使われていたかどうか聞いてみていただけないだろうか。もしCCDの研究者をご存知の方がいたら、CCDの際、取り残された「女王バチと数匹のハチ」の死骸を調べた記録の中に、（残された数匹のハチというのが僕の推測通りオスバチだったとして）精子のミトコンドリアを調べた記録がないかどうか聞いていただきたい。もしなかったら、これだけ大きな社会問題だったのだから、どこかに死骸が保存されているだろう。その死骸のミトコンドリア遺伝子を調べて、正常なオスバチと比較検討していただきたいと切に願っている。

僕は二十年後に起こる事態を待っていられない。というのも、今、世の中の園芸植物がすべてと言っていいほど雄性不稔化に向かって進んでいるからだ。玉ネギ、ニンジン、トウモロコシ、ネギ、大根、キャベツ、ブロッコリー、カリフラワー、白菜、シシトウ、ピーマン、ナス、オクラ、シュンギク、レタス、インゲンといった野菜ばかりではない。ハイブリッドライスと呼ばれるコメをはじめ、砂糖の原料のテンサイ、油糧用や観賞用のヒマワリ、花粉症対策として広まりつつあるスギ、ありとあらゆる園芸植物が効率の良いＦ１化＝雄性不稔化＝されつつある。健康な生命体から、ミトコンドリア異常という生命エネルギーに欠損があって子孫を生み出せない植物に変わりつつあるのだ。

もし雄性不稔の蜜や花粉を餌に育ったミツバチが無精子症になっているとしたら、ミツバチで起こったことは、同じ動物である人間にもきっと起こるだろう。そのとき世界中の食糧作物がみんな雄性不稔になっていたら、取り返しがつかないのだ。

人間の精子も激減

二〇〇九（平成二十一）年のNHKスペシャルで「女と男」という番組があった。一九四〇年代には精子一ミリリットル（一cc）中に一億五千万の精子がいたという。それが今、二千万以下が不妊症と言われるレベルで、成人男性の二割に相当する。男性が持つ精子の平均値は四千万以下、一九四〇年代の一億五千万に比べると、約四分の一に減少した。

一九四〇年代というのは、玉ネギなどの雄性不稔品種が売り出された年である。それ以前に統計はない。精子を数える技術がなかったからだろう。近年、二〇〇〇年、二〇〇一年、二〇〇二年と、一年ごとに精子の数が減っているそうだ。とりわけこの五年間で劇的に減った。番組では極めて短期間で起きているので、遺伝的な要因ではなく、環境などの外的要因が疑わしいとみている。そして、工場の写真を出し、環境ホルモンが関係しているのではと匂わせ、終わっている。

チンパンジーの精子と人間の精子を比べると一目瞭然である。元気に動き回るチンパンジーの精子と比べると、人間の精子はこれでも動いているのかと思うほどおとなしい。この精子のつけ根にあるミトコンドリアの活力では百キロメートルマラソンを全力疾走できないだろう。このようにして人間の子供が生まれなくなっている。人間は少子化の加速を人工授精でかろうじて抑えている。

男性のフェロモンが足りない、草食系男子などの現象も、僕は雄性不稔の影響ではないかと思っている。最近の男子は我々の中高校時代と比べるとあまりにさっぱりしている。非常にものわかりが良く、セックスアピールがない。色気もなく、なかなか結婚しない。やはりフェロモンが薄くなってきたと言うしかない。

ミツバチが消えていることや人間の精子が減っていることと雄性不稔の関係を、誰かが証明してくれたら、大騒ぎになってしまうことだろう。

野菜から食品全般に広がる雄性不稔

雄性不稔の利用は野菜だけではない。北海道はテンサイ（甜菜、砂糖大根、シュガービートとも言われる）の大産地だ。日本の砂糖の二割は沖縄周辺のサトウキビで、八割が北海道のテンサイである。このテンサイがみなF1になっている。

これは日本だけの問題ではない。というのは「世界的に普及しているテンサイのハイブリッド品種は、すべて細胞質雄性不稔株を母株に配して作られたもの」だからだ。「実用に供されている細胞質雄性不稔は、いずれもアメリカ合衆国の育種家オーエンが半世紀以前に品種US1で発見した変異株に由来する」（北海道大学図書刊行会『栽培植物の自然史』二〇〇一)。

要するに、世界中で使われている砂糖原料のテンサイが五十年以上前にオーエンという育種家がUS1という固定種から発見した、たった一株のミトコンドリア変異株の子孫だということだ。

テンサイ会社のホームページを見て、少しびっくりした。テンサイはカブのような格好をしているフダンソウの仲間だが、すべて無駄なく利用されているというのである。どういうことかというと、搾り汁は砂糖になり、搾りかすの繊維質は、清涼飲料の繊維質として使われている。食物繊維入りの清涼飲料水やインスタントラーメンのつなぎなどに無駄なく利用されている。だから、搾り汁だけだったら何ということはないかもしれないが、我々は、いつの間にか絞りかすに至るまでF1のテンサイ細胞を食べているのである。

世界中に広まるF1ハイブリッドライス

二〇一〇(平成二十二)年、新潟県の国際財団が、お米の研究のために世界に貢献した人を表彰する「食の新潟国際賞」というものを始めた。

シエラレオネのモンティ・ジョーンズ博士がアジア稲とアフリカ稲の種間交雑に成功し、ネリカ米を誕生させたことで新潟国際賞を、中国の「ハイブリッドライスの父」と言われる中国国家雑交水稲作業技術センターの袁隆平主任が、「交雑水稲による水稲生産増」の貢献で特別賞をもらった。ネリカ米は種間交雑品種を固定したものだが、ハイブリッドライスは雄性不稔利用のF1米である。

ジョーンズ博士は、乾燥や雑草に強いアフリカの陸稲と、高収量のアジア稲は普通は交配しないが、細胞融合によって交配させ、固定種にした。袁博士のハイブリッドライスは、長粒種のインディカ米と短粒種のジャポニカ米をかけ合わせて、雑種強勢により収量を高める技術だ。

中国では雄性不稔のF1米がイネ全面積の五八％を占めるようになった。アメリカは三九％。日本ではまだ一％弱に過ぎない。中国の五八％のF1米のうち、インディカ米（長粒種）は八〇％、ジャポニカタイプ（短粒種）は三％だ。

インディカ米の原種の中から変異の一株が見つかる。しかし、このままでは食べ物としておいしくないから、コシヒカリなどを何度もかけ合わせる。こうした戻し交配をして、コシヒカリの血の強い雄性不稔株を作り、もとのインディカ米とかけ合わせると、タネが実るようになる。要するに、「回復系」という遺伝子を持ったものをかけ合わせる。すると一代限りのタネが採れる。これはF1のタネであり、実った米は食えるが播いても子孫を作れない。

このF1ハイブリッドライスはどんな種苗会社が作り、販売しているのか。バイエルクロップサイエンス、デュポン、モンサント、シンジェンタなどなど、遺伝子組み換え産業、バイオメジャーである。彼らがＦ１米を開発し、売っている。このようなＦ１タネが世界を支配していくのである。

日本においても、三井化学アグロという日本で初めて合成農薬を製造・発売した会社が、「みつひかり」という名のＦ１米を売っている。長粒種系統で、お中元にもらったことがあるが、袋には「究極の有機栽培米」と書いてあった。

一方で、Ｆ１がまだあまり成功せず、普及していない作物もある。キク科とマメ科だ。マメ科は、大豆でもインゲンでも依然固定種である。キク科は、レタスと春菊で雄性不稔が見つかって、Ｆ１が少しずつ販売され始めたところだ。

レタスの花はハチが嫌がる。ところがレタスの花が大好きな銀バエが見つかった。雄性不稔株レタスのハウスに銀バエを放し、交配を可能にしていった。花は本来交配したいから、虫を誘う物質を出しているとも言われる。ただし、銀バエの数は限られていて、隔離した環境で行わなくてはいけないから、タネの収量は少なく、非常に高くついているという。

マメ科のインゲンで黒種衣笠《くろだねきぬがさ》という品種から、雄性不稔株が一株見つかった。今インゲンから始まって、大豆や他のマメ類にその遺伝子を取り込もうと、研究が始まっている。もうすぐマメ科でも雄性不稔のＦ１が販売されるようになるだろう。やがて、インゲンから採った遺伝子を大豆に取り入れたＦ１枝豆が生まれるだろう。各社の競争は続いている。

そのほかのキク科、マメ科作物はおおむね固定種である。もっとも、Ｆ１でなくても放射線を照射した品種改良などが行われている。キク科作物では、ある会社が長いゴボウに放射線を当てたところ、丈が縮まり、早く成育するようになったので、「コバルト極早生」という名前をつけ、「家庭菜園に最適です」と売り出した。

だが、コバルトという名前がよくなかったのか、あまり売れなかった。十五年経って品種登録が切れる前にもう一度、放射線を当ててみた。すると、さらに丈が短くなったうえに、ゴボウ特有のあくがなくなった。あくは遺伝子が傷ついていてなくなったようだ。「これはサラダで食べられる」と、この会社は「てがるゴボウ」と名づけた。

その後、タキイがそれを買って、「サラダむすめ」という名前で売り出した。これが今評判になり、サラダゴボウとして売られている。自家採種可能だが、それをすると品種登録法違反で訴えられる。遺伝子には修復しようとする機能があるから、タネを播くと長くなったり、アクが出たりするようになるかもしれない。

マメ科では茨城産の在来種である「納豆小粒」という品種に放射線をかけてより小さくした「コスズ」とか、「スズヒメ」といった品種が作られている。小粒納豆として広く栽培されているから、食べている人も多いだろう。

見えないリスク

人間は本来やるべきではないことを、やっているのではないだろうか。すべての植物を子孫が作れない体にして、人間がそれを食べていくことで世界中がお返しを受けているのではないだろうか。でも誰も今はそれを証明できない。

放射線を照射した作物を人間が食べると、人体にどんな影響があるのか、また環境的な影響もあるのか。インターネットで調べてみたが、あまりいいページが見つからなかった。ただ、「放射線育種こそ環境汚染である」と強烈に批判しているページがあったので、よく読んでみたら、遺伝子組み換えを推進している人たちのホームページだった。「遺伝子組み換えに比べると、放射線育種はとんでもない。遺伝子組み換えのほうがよっぽど安全である」と彼らは主張していた。

健康な植物に不健康な遺伝子を取り込むというと、遺伝子組み換えのことが思い浮かぶ。雄性不稔とは、時には二酸化炭素の力を借りてでも行う「近縁の植物同士による遺伝子の取り込み」だ。一方で、遺伝子組み換えはミトコンドリアを持つ多細胞の高等植物に、土壌細菌など単純な仕組みの原始生命の遺伝子を取り込む技術だ。

遺伝子組み換え産業の利益の代弁者は、「遺伝子組み換えは伝統的育種法とまったく変わらない。伝統的育種法では、思いもよらない遺伝子まで取り込んでしまう危険性があるが、遺伝子組み換えは、除草剤耐性や殺虫毒素など決められた遺伝子しか取り込まないから、安全性がより高いのだ」と言う。果たしてそうであろうか。

確かに戻し交配による雄性不稔因子の取り込みは、雄性不稔因子以外の別の遺伝子も取り込んでしまっているだろう。でも、それは本来近縁の植物が持っていた遺伝子であり、細菌やカビやウイルスが持っている遺伝子を組み込むこととは本質的に違うはずだ。

細菌の毒性遺伝子を組み込んだ植物が、その後どのように進化するのか、遺伝子が変化した花粉が、今後どのように地球環境を変化させていくのか、それは誰にもわからない。

幸い雄性不稔植物は花粉が出ないから、周囲の近縁種を汚染しない。最近は衣服が汚れないと、花粉が出ないことを売り物にしているF1ヒマワリが人気を博している。東日本大震災で、チェルノブイリに倣《なら》い、放射能を吸収すると言われるヒマワリを植えようという話が出ているが、世界中で栽培されているヒマワリの七〇%は雄性不稔F1だ。また、花粉症予防のため雄性不稔のスギを植えようという動きもある。

遺伝子組み換え作物は、アメリカ政府の保護政策もあって、年々その版図を広げている。組み換えられた遺伝子は、細胞や微細な花粉の一つひとつに入っており、地球環境に広がっている。二〇〇七（平成十九）年に発表された数字では、遺伝子組み換え作物の栽培面積は、一億一千四百三十万ヘクタールになったという。これは日本の国土の三倍以上である。花粉が飛散している面積は、この作付面積の数百倍に及ぶ。

遺伝子組み換えのやり方

ここで遺伝子組み換えの技術を説明しよう。今、実用化されているのは、「アグロバクテリウム法」という方法だ。アグロバクテリウムは、バクテリウムと名がつく通り、バクテリアの一種。土の中にいる土壌細菌で、世界中どこにもおり、そのあたりの土の中にもいっぱいいいる。日本では、バラなどを栽培している人は昔から「根頭癌腫病菌」と言っていた。バラは根っこに傷がつくと、傷口からアグロバクテリウムが侵入する。バクテリアも遺伝子を持っている。大元の遺伝子はみな核の中に取り込まれ、プラスミドだけが残されたのがミトコンドリアの環状遺伝子ではないかと思うが、うかつなことは言えない。

細菌というのは、自分の大元の遺伝子は渡さないが、「プラスミド」という小銭のような遺伝子をお互いにやりとりする。例えば、ある細菌が除草剤に強い耐性を獲得すると、除草剤に強い耐性をプラスミドに入れ、隣の細菌に渡す。

これでどんどん除草剤に強い細菌が増えていく。アグロバクテリウムは、植物の細胞の中に入ると、プラスミドからできた遺伝子を細胞の核の中に送り込む。すると、植物はそれを敵と見なさず、核の遺伝子の中に取り込む。するとどうなるか。ガン細胞のように細胞が増殖し、やがては枯れ、植物は死んでしまう。

もっとも、アグロバクテリウムの遺伝子がなぜ細胞に入り込めるのかは未解明だ。

このことがわかったのは一九七四（昭和四十九）年のこと。アグロバクテリウムの研究をしていた人が、植物が自分の敵と見なさずに、プラスミド遺伝子を取り込んでしまうことを発見した。これは使えると、遺伝子組み換えに応用された。遺伝子を組み換えるには、まず葉っぱを切り抜き、遺伝子組み換えされたプラスミドが培養された液に浸す。すると、プラスミドは傷口からすべての細胞の中に入り、葉はやがて「カルス」を形成し、そのまま一つの植物として成長する。できあがった植物細胞の一つひとつ、花粉の一つひとつまですべて遺伝子が組み換えられ、花粉がまた外へ飛び出して、交配した他の植物を遺伝子組み換え植物にしていくのである。

自殺する遺伝子、ターミネーター・テクノロジー

現在封印されている遺伝子組み換え特許に、ターミネーター・テクノロジーというのがある。

米国特許（5723765号）を取得した際のアメリカ種苗業界の雑誌『Seed & Crops』

誌によると、この技術は「遺伝子操作により、タネの次世代以降の発芽を抑える技術で、これにより農家による自家採種を不可能にするものである」と定義されている。

ターミネーター遺伝子は「自殺する遺伝子」と言われる。ターミネーター・テクノロジーがアメリカで特許をとった直後、日本種苗協会の機関誌『種苗界』(一九八八年八月号)に記事が掲載された。「植物の種子が発芽する際に、組み込まれた遺伝子が毒素を発生して植物を死滅させるこの特許は全ての植物種をカバーし、遺伝子組み換えによってできた植物のみならず、通常の育種方法によってできた植物も特許の領域(スコープ)に含まれる」とある。

自殺する遺伝子が組み込まれた作物の花粉が飛び、その花粉と交配した植物がタネをつける。そのタネが土に播かれ、水を与えられ、水分と温度に反応して芽を出そうとした瞬間、毒素を出して死んでしまう。

要するに、タネをつけても芽が出ない、自殺してしまう遺伝子なのである。

これを作ったのは、ミズーリ州の綿花の種子会社デルタ&パイン・ランドで、特許をミズーリ州農務省と共同取得した。同社は、一九九九年種苗メジャーのモンサントに十八億ドルで買収された。だが、「一社による農業支配に通ずる」と反対されたモンサントは、同年十月に開発計画の凍結を発表した。

「モンサント一社による農業支配だ」と反対したのは、大半がヨーロッパだった。ヨーロッパでは、ドイツのバイエルとイギリスの政府機関であるＤＥＦＲＡがモンサントとは別の技術特許で、自殺する遺伝子を手掛け、試験栽培を続けている。

単にモンサント一社による農業支配ということではなく、数社の遺伝子組み換え産業がいろいろな特許を持っている。こうしたバイオメジャー数社とアメリカ、ヨーロッパ各国が一緒になって、どういう条件ならば解禁していいのか、条件を出してくれと世界に投げかけている。今は国際交渉の真っ最中である。

二〇〇六年、アメリカ政府とバイオメジャーの支援を受けた国々により、国連生物多様性条約会議の席上で、「自殺する遺伝子」の使用を目的とした、ケース・バイ・ケース条項締結の動きもあったが、否決された。しかし、今後も使用に向けての圧力が高まるのは間違いない。

なにしろサブプライムローン問題によって、金融による世界戦略が破綻したアメリカにとって、残る世界支配の有力な「タネ」のひとつは、知的所有権による「種子支配」だからだ。

ターミネーター・テクノロジーとは、遺伝子操作によりタネの次世代以降の発芽を抑える技術である。これによって農家は自家採種が不可能になる。要するに、タネを特定のタネ会社からしか買えない社会を作るのが狙いだ。農家に自家採種なんてやらせないぞというのが目的である。

なんと強欲な、欲の固まりのような技術なのだろうか。

いつか、土の中の土壌微生物とこの「自殺する遺伝子」をもった植物が、根っこの細胞を通じて、寄生する細菌とプラスミドを交換し合ったら、地球上がやがて死の世界に陥りかねないという心配さえある。

ターミネーター種子が解禁されれば、飛散した花粉と交雑可能なさまざまな栽培植物のタネが、芽を出せず死んでしまう。また、組み換えられた遺伝子の根毛細胞は、近くの土壌細菌であるアグロバクテリウム（根頭癌腫病菌）とプラスミド遺伝子を交換し合い（遺伝子の水平移動）、土壌細菌に移ったターミネーター遺伝子は、ありとあらゆる種子植物にとりつき、自殺花粉を世界中に撒き散らしてしまうだろう。

そして、植物の死は動物の死と直結する。一時しのぎの経済戦略が地上を死の世界に変えてしまう危険性を秘めている。

遺伝子組み換え産業の傘下に入る世界の種苗メーカー

世界の種苗会社は、今どんどん遺伝子組み換え産業に乗っ取られている。次頁の表は一九九七年の世界の種苗メーカーの売上高上位十社だ。

タキイとサカタも大手十社に入っている。これらはほとんど純粋な種苗会社だった。二〇〇七年になると、一位モンサント、二位デュポン、三位シンジェンタと、農薬企業、遺伝子組み換えを手掛けているバイオメジャーがずらりと続く。かろうじて上位十社の中にサカタとタキイがなお入っている。

世界の主要な種子会社の総販売額による推定ランキング（1997年）

順位	会社名	国名	種子販売額（億円）
1	パイオニア	アメリカ	2,465
2	ノバルティス	スイス	1,450
3	リマグレイングループ	フランス	870
4	セミニス	メキシコ	653
4	アドバンタ	オランダ、アメリカ	653
6	デカルブ	アメリカ	493
7	タキイ種苗	日本	420
7	KWS AG	ドイツ	420
9	カーギル	アメリカ	350
10	サカタのタネ	日本	326

（出所）AgriCapital Corporation

世界の種子会社ランキング（2007年）

会社名	2007年の種子売上高（100万ドル）	世界種子市場におけるシェア（%）
1. モンサント（アメリカ）	4,964	23
2. デュポン（アメリカ）	3,300	15
3. シンジェンタ（スイス）	2,018	9
4. リマグレイングループ（フランス）	1,226	6
5. ランド・オ・レールズ（アメリカ）	917	4
6. KWS AG（ドイツ）	702	3
7. バイエルクロップサイエンス（ドイツ）	524	2
8. サカタ（日本）	396	2以下
9. DLFトリフォリウム デンマーク	391	2以下
10. タキイ（日本）	347	2以下
上位10社合計	**14,785**	**67**

（出所）ETC Groupe

種苗会社の多くは遺伝子組み換え産業に株を買われてしまった。例えば、ノバルティスという会社はシンジェンタというスイスの除草剤・農薬会社に吸収された。セミニスは三、四年前にモンサントに買収された。パイオニアはデュポンに買収された。リマグレイングループというのはフランスの農協系の種苗会社で、まだ買収されていないが、ドイツのバイエルクロップサイエンスと業務提携をしている。こういう形で手をとり合っている。「タネを支配する者は世界を支配する」と昔言われた構図が、より単純化されわかりやすくなった形でなお続いている。タネを支配することによって農業を支配し、世界の食糧を支配しようとする人たちがいる。こうして遺伝子組み換え産業が世界の種苗会社を飲み込んでいる。

タネ会社というのは、遺伝子組み換え産業と比べると資本が小さい。タキイは株を上場せず一族で株を持っている。公開して売り出せば、あっという間に再編の波に飲み込まれるだろう。上場しているサカタやカネコが買収されたらどうなるか、戦々恐々の時代に入っている。

お隣韓国の種苗業界は大手五社からなっている。最大手の興農種苗は、セミニスが株を七〇%引き受けている。そのセミニスはモンサントに買収された。中央種苗は同じくセミニス一〇〇%。ソウル種苗はノバルティス＝シンジェンタに一〇〇%。清原種苗という会社はサカタ（九八%）だから、遺伝子組み換えとは少し違うが、こういう形で世界中の大手種苗会社がバイオメジャーにどんどん乗っ取られている。

では、株を公開していなければ、遺伝子組み換えのタネを扱わずに済むのかというと、そうでもない。ここに二〇〇一（平成十三）年四月三日に農水省が出したプレスリリース、報道資料がある。非上場の「タキイ種苗から申請されたカリフラワーとブロッコリーの雄性不稔遺伝子及び除草剤耐性遺伝子を導入した」とある。要するに遺伝子組み換えされたカリフラワーとブロッコリーについて、今までは閉鎖された実験室でしか試験栽培してはいけなかったのを、今後は開放系で栽培することを認めた。「外に花粉が飛び出す畑で研究栽培してもいいよ」と農水省がお墨付きを与えたのである。こういうことが着々と進んでいる。

企業が乗っ取られなくても、日本の種苗会社はちゃんと遺伝子組み換え技術を研究している。消費者の遺伝子組み換えに対するアレルギーが収まるのをただじっと待っている。すでにタネは買う時代である。大手種苗会社のタネが一番いい、タキイがいい、いやサカタのほうがいいと、一見ケンカしていても、大元ではみんなつながっている。タネというのは消費者も販売者も知らない間にどんどん変化しているのである。

近頃、あるお客さんが「野口さんは遺伝子組み換えでないタネを売っていると聞いてやって来ました」と訪ねてきた。「えっ、遺伝子組み換えのタネなど、日本中どこにも売ってないはずですよ。研究している会社はありますが」。僕はそう説明してお帰り願ったが、果たして、これが現状を正確にお伝えしたのか、自分でも自信がなくなっている。

現在、牧草のタネ用として、アメリカから遺伝子組み換えのアルファルファを輸入、栽培しても構わないことになっている。ニュージーランドでは、アルファルファは飼料用の牧草としてより、スプラウト（サラダ用のもやし、カイワレのような発芽野菜）として人間が食べることが多いため、危険だと判断され、一切輸入をしていない。ところが、日本ではこのアルファルファの輸入・栽培が許可されている。考えてみれば、いつうちで売っているアルファルファのタネ（スプラウト用）が遺伝子組み換えになっていてもおかしくない時代だ。輸入元には表示義務がないから、いつの間にか遺伝子組み換えされたアルファルファ（スプラウト用）を売ることになるかもしれない。ぼくも輸入元に「品種名を教えてください」と電話で聞いたりしているが、「わかりません」と言われたらそれまでだ。

日本では食用油用として、菜種、大豆、トウモロコシ、綿実など、七種類の遺伝子組み換え作物が輸入を認可されている。栽培は許されていないが、荷揚げされた港や工場に運ばれる途中で、タネがこぼれ落ちて根づくなど、遺伝子の汚染があちこちで検証されている。実際、日本には多国籍企業に買収された韓国企業が採種したタネが結構、流通している。知らないうちに遺伝子組み換えのタネが出回っているかもしれない。

農林水産省はこれまで国内では試験的（隔離圃場での栽培）にしか認められていなかっ

た、遺伝子組み換え農産物作付けの第一種使用（一般的に作付けすること）の申請（セイヨウナタネ＝ダウ・ケミカル、トウモロコシ＝モンサント、シンジェンタ）を承認したと発表した。このままいけば、タネとして流通し、栽培しても構わないことになるだろう。日本は国際条約上、「カルタヘナ法」（遺伝子組み換え生物などが我が国の野生動植物などへ影響を与えないよう管理するための法律）を考慮するだけで、一般栽培植物への配慮は一切ない。それこそ危険な承認というしかない。

いつの間にか状況がどんどん変わってきて、僕もきっぱりと「日本で遺伝子組み換えのタネは売っていません」と言えなくなってしまった。「売っていないはずです」と答えるしかないところまで来ている。

人間にもたらす影響はなお未解明

以下は遺伝子組み換え産業の人が必ず言う理屈だ。

「人間が食べたものはすべて体の中で胃から小腸へ行って、低分子のアミノ酸に分解され、それが血管を通じ全身の細胞に再配分されて高分子のたんぱく質に組み立てられる。だから遺伝子組み換えされた植物を食べても、消化吸収されて血液を通って全細胞に向かう。遺伝子もみんな高分子のたんぱく質だから、低分子のアミノ酸に分解されてしまえば消滅してしまう。低分子のアミノ酸は細胞の中のＤＮＡやＲＮＡで高分子のたんぱく質に組み立てられる。だから遺伝子組み換えされた野菜を食べても、人間の細胞や遺伝子が異常になるようなことはない、まったく関係ない」

これはＤＮＡ研究の第一人者、フランシス・クリックのセントラルドグマというもので、分子生物学の基本原則である。高分子の遺伝子やたんぱく質を食べても、それがそのまま人間の体や動物に作用するわけがないという考え方である。

ところが、その説は牛海綿状脳症（ＢＳＥ、一般には狂牛病として知られる）の発生により崩れた。ＢＳＥはウイルスなどの病原体による病気ではなく、プリオンと呼ばれるタンパク質で構成された物質が原因という見方が主流になっている。牛の異常たんぱく（プリオン）を食べた人間が、十年後に発症し、死亡した可能性が高まったのである。狂牛病の牛肉を食べても、アミノ酸にまで分解されるのであれば、まったく害はないはずだが、現実に人間が狂牛病に感染してしまった。もちろん、ＢＳＥがどのような経緯で人間に感染したのか諸説さまざまあるが、遺伝子の働き、人間が吸収する食べ物がもたらす影響はなおわからないことだらけなのである。

また以前、遺伝子というのは何百億あるうちの二千くらいしか機能しておらず、残りはガラクタ、ジャンク遺伝子だと言っていたのが、そのジャンクにも意味があって、やっていることがあるのだということもわかってきた。そのジャンク遺伝子が他の遺伝子のＯＮ

とＯＦのスイッチを入れたり、何らかの変異を生んで、働いている可能性もあるという。男性機能を喪失したミトコンドリアを持つ植物を食べても、決して無精子症にならないと証明した人はまだいない。動物に影響することがありうるかもしれないと考えても、まったく不思議ではないのである。

コラム 欧米の固定種事情

欧米でも野菜の固定種が年々世の中から消えている。しかし、その一方で多様性が失われることに危機感を持つ市民が、会員となって支えている非営利団体がいくつもある。このようなＮＰＯでは種苗会社のカタログから落ちてしまった品種や、地域で代々守ってきた伝統野菜品種（エアルーム）のタネの収集、保管、また自社農園で栽培（主に有機栽培）し、タネの更新などの活動を行っている。

入手可能な品種リストを毎年出版し、責任を持って自家採種し「保護者」になってくれる市民ボランティアにタネを配布（会員には無料で）したり、タネの寄付の受け入れ、全国に点在する会員同士のネットワーク作りや情報交換ワークショップなども行っている。

二〇〇九年、NHKのテレビ番組「こだわりライフ ヨーロッパ あなたの庭で〝種の保存〟をしませんか?～イギリス」で紹介されていたのは、イギリス中部 コヴェントリーにある「ガーデンオーガニック」という慈善団体である(一九五四年創設、会員数五千人)。

この番組によると、一九七〇(昭和四十五)年に取り決められた規制により、イギリス国内では種苗品種登録された野菜のタネしか販売が許されていない。販売リストに登録されているのは、主に市場での流通に適した品種で、形が均一で長持ちするように改良された品種だ。登録には多額の費用がかかるため、大企業が登録した大量生産に適した品種が市場を支配し、結果として古くからあった野菜が姿を消した。

生きた遺産を一般市民の庭に残していこうという人々の思いから、イギリスでタネ保存活動が広まっている。

また、オーストラリアのSeed Savers Network of Australia(一九八六年創設)は自家採種ハンドブックを会員向けに配布しており、日本語にも翻訳、販売されている(アメリカのSeed Savers Exchangeとはまったく別の団体)。

フランスに本部を置くAssociation Kokopelli(一九九一年創設、会員数約六千人)はイタリア、イギリスなどヨーロッパ隣国にも支部があり、第三世界におけるタネ保存の支援プロジェクトなどの国際的な活動を行っている。

アメリカのアイオワ州にあるSeed Savers Exchange（一九七五年創設）は、三十六平方キロメートルの農園を持ち、保管しているタネの更新を行っている。ノルウェーのジーンバンクSvalbard Global Seed Vaultへ約九千種類の固定種タネを提供した。

アメリカでは現在、古くからあった固定種は全体として減少傾向だが、一方で自家採種に熱心な家庭菜園実践者の庭や、有機農家の畑で育成された新しい品種が生まれているという傾向がある。アメリカ国内の統計では、入手可能な固定種の品種数と通信販売を行う種苗会社の数が一九九一（平成三）年以降増えてきている。

大手の種苗会社でもThompson and Morgan（イギリス、一八五五年創設）のように希少価値のある固定種を多く取り扱っていることを売りにしている会社もある。アメリカのカリフォルニア州　のKitazawa Seed（一九一七年）は日本の野菜や中国野菜の種子を専門にアメリカで販売している種苗会社である。ホームページのカタログを閲覧すると日本の伝統野菜のタネが並んでいておもしろい
（この項、野口種苗研究所　小野地悠氏による）。

守りたい地方野菜と食文化

僕がいちばん言いたいのは、「固定種の野菜を栽培して、どうか自分でタネを採っていただきたい」ということだ。固定種の良いところは、自家採種できるという点である。自家採種を三年も続けていれば、その土地に合った野菜に変わっていく。また自家採種は、有機栽培農家にとって、基準通りの「有機認証」を取得するための唯一の方法でもある。有機認証基準では、「種子も有機栽培で育てられたものを使うこと」と決められているが、実は日本の種苗会社が販売しているタネで、この規格に合致するものは何一つない。有機栽培農家が自家採種する以外、国内でこの基準に準拠したタネを入手する方法はない。

大手種苗会社が育成し販売していたタネは、昭和三十年代まではほとんど固定種だった。固定種の育種の根本は、良い親を入手することと、できた個体を見分け、選抜淘汰をくり返して品種として形質を固定することだ。品種を限定すれば、地方の小さな種苗店や専門農家でも十分太刀打ちできる。専門農家が育成した品種の中には、種苗会社が販売権を買い取ったものがあったり、当店の「みやま小かぶ」のように、大卸という名の大量販売先である大手種苗会社に売られ、種苗会社が自分のところの品種名に変えた袋に詰めて、全国の種苗店に卸すということも日常的に行われていた。こうした専業化した中小の

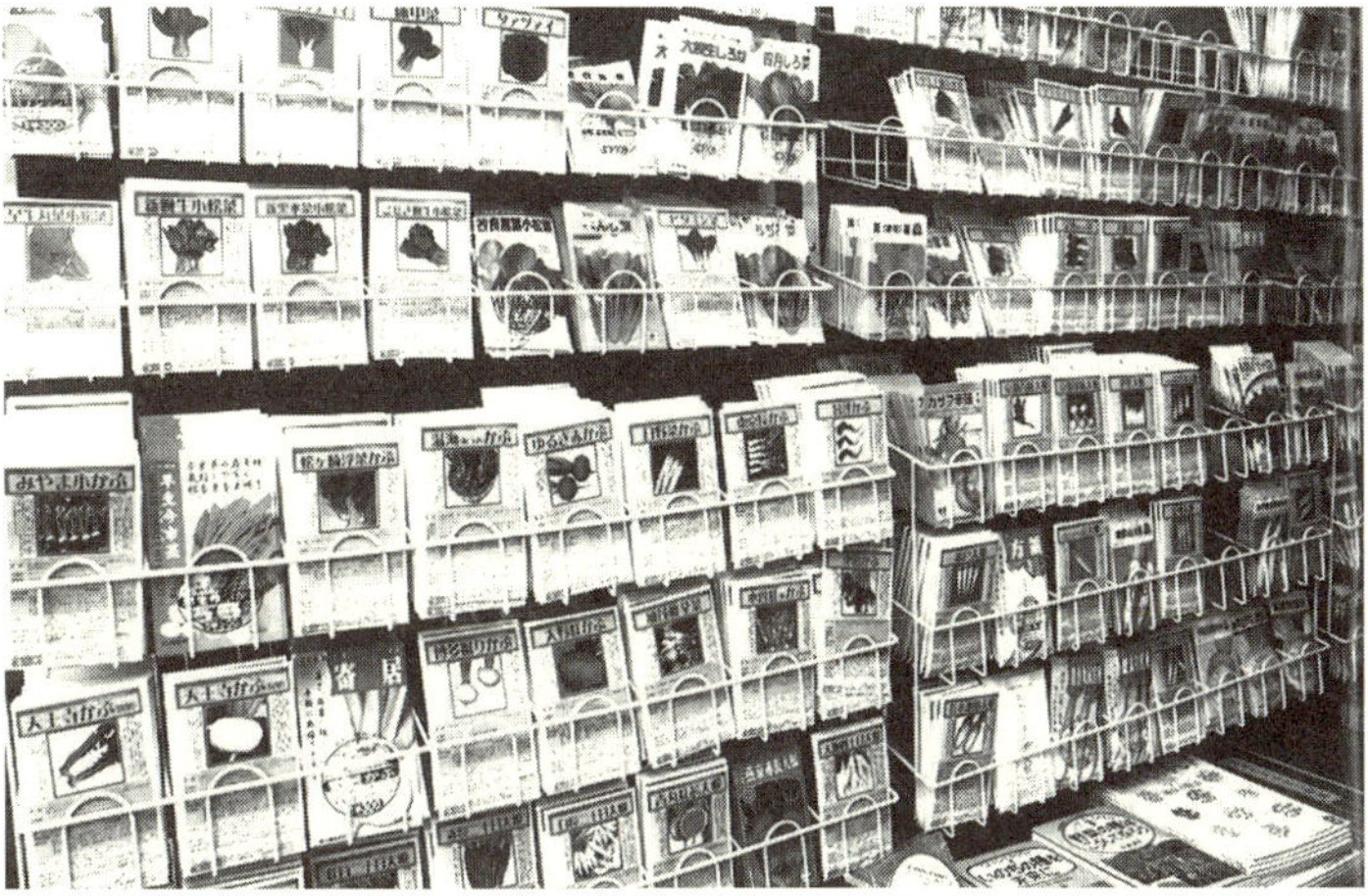

野口種苗の店頭に並ぶ固定種のタネ

採種元は各地にあり、全国の農業試験場で行われる「原種審査会」で、大手の出品する品種を凌駕する成績をあげ、品種本来の持つ力を全国に知らしめていた。

「日本種苗協会主催全日本蔬菜原種審査会」の名は、今では実態に合わせて「全日本野菜品種審査会」に変えられた。出品されるのは試作中のＦ１品種ばかりだから、「試交品コンクール」の場になっている。「野菜の原種」の形を採種元ごとに比較して見ることができる場は、もう日本中のどこにもない。各地に残る在来種の中から、本当に固定された良い品種を集めて広めたいという僕の夢にとって、このことは最大のネックとなっており、残念なことだ。

　最近、「伝統野菜ブーム」とかで、各県ごとに伝統野菜品種を指定するなど、固定種がマスコミなどに取り上げられる機会が増えてきた。

　中国など外国からの日本向け野菜が増えた結果（当然これらのタネは、日本から輸出されたＦ１種）、野菜全般の市場価格が低くなり、国内産野菜の差別化を図るため、固有の歴史と特徴ある外観を持つ固定種の地方野菜が見直されるという構図だ。現在、これらの流通は「道の駅」や有機野菜宅配会社などに委ねられることが多く、市場を通すことは少ないのだが、中卸などの市場関係者から問い合わせの電話や固定種のタネの注文が入ることも増えつつある。この流れは少しずつ拡大していくと思う。

　蚕から始まった一代雑種作りの原点は、「自家不和合性」や「除雄」による「雑種強勢効果の発現」が目的だった。しかし「雄性不稔」が見つかってから、いかに雄性不稔株を見つけて増殖し、また近縁種に取り込むかということが基本になった。その株に何をかけたら効率よく商品ができるかという一代雑種作りに変化したのだ。今では「雑種強勢」はあるに越したことはないが、なくてもいいと、ないがしろになってきている。そして現在は雄性不稔株を見つけるよりも、「遺伝子組み換え」技術によって雄性不稔因子を組み込もうという流れになっている。この流れは「遺伝子組み換え反対」を叫び続けない限り、どんどん進むだろう。

　野菜が本来持っていた生命力を取り戻し、地方の食文化と結びついていた本来の味を取り戻すためには、固定種を復活させるしかない。そのためにはＦ１の氾濫で農村から失われてしまった自家採種技術を、再び農村に復活させる必要がある。

百七十頁と百七十一頁の写真は野口種苗のタネ採り畑における作業風景である。
①が飯能の山間地（海抜五百メートル）にある採種圃場の全景。
②は九月に播種したみやま小かぶを全部抜く十二月の作業。
③は最も良いカブ（左）を翌年の原々種用に選んでいる。
④では原々種を中心に植え、周囲を原種で囲んでいる。
東京農大通りの古書店で、『農業世界増刊　蔬菜改良案内』という一九一一（明治四十四）年八月十五日刊の雑誌を入手した。明治という時代に、セロリやコールラビ、アーティチョーク、食用タンポポやエンサイなどの栽培法が紹介されているのにも驚いたが、野菜ごとに、「種類」「性質」「栽培法」「促成法」「病虫害」「貯蔵法」などの項目と並んで、種子繁殖の植物にはほとんど「採収法」としてタネの採り方が載っていたのには、本当にびっくりした。『蔬菜改良案内』という書名の通り、かつて野菜栽培というのは、ただタネを播いて収穫するだけでなく、自家採種して品種改良していくことまですべて含んでいたのだということが、何にもましてよくわかった。

当店のオリジナル絵袋も「採種法」という項目を入れて、栽培する人が自家採種しやすいよう手助けをしている。

家庭菜園を楽しむということは、スーパーで売っているような見ばえの良い野菜を、た

①

②

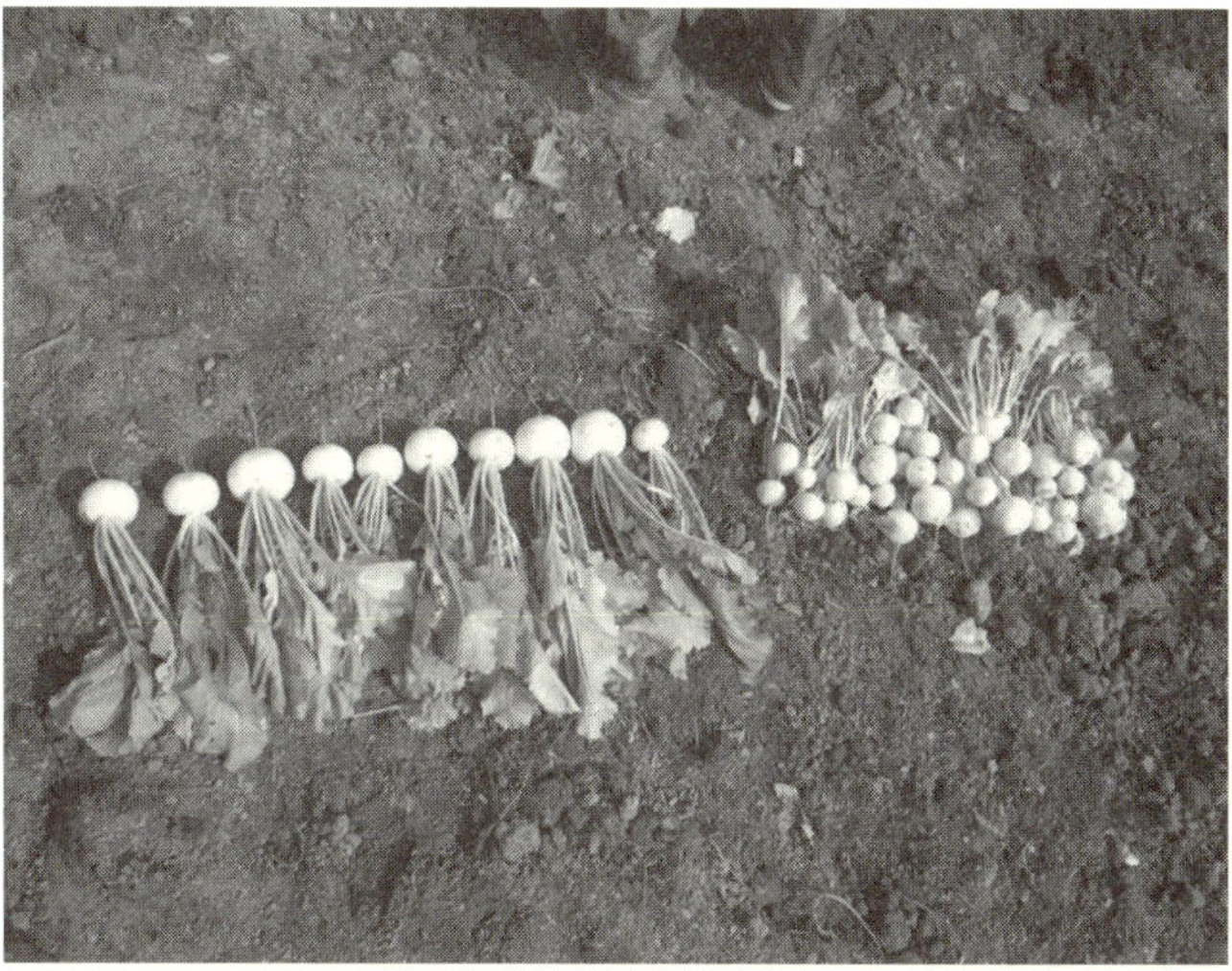

③

④

『農業世界増刊 蔬菜改良案内』の表紙

だ家計の足しに作ることではなく、野菜本来の味を楽しみながら自家採種すれば、野菜の進化の手助けをし、地方野菜を育んで地域おこしの一助にもなる。そんな人が増え、新しい地方野菜が各地に再び生まれる。そんな日がやがて来ることを、毎日夢見ている。

僕は、まだ地方の固定種が細々とでも残っているうちに、各地のいろいろな固定種のタネを日本中にばらまきたい。そしてタネの持つ多様性の花を開かせ、地域地域に合った「新品種」に変化させたい。タネを入手した人の中から、江戸時代のタネ屋のような、野菜の進化の手助けをしてくれる人が少しでも増えて、未来の野菜が生命力に満ちあふれ、それを食べた人々がより健康になって、「火の鳥」のようにあらゆる生命が光り輝く地球となるよう願ってやまない。

付録

かつて農業の基本は、「一　タネ　二　肥え　三　手入れ」と言われていた。

今も冬の農業雑誌は品種選びの特集号になっていて、各社自慢のF1品種が並んでいる。春の作付け前に「今年はどんな品種を選ぼうか」と、楽しいひとときを過ごしている人も多いだろう。でも、この本を読んだ人は、そんな選択肢の中に、ぜひ固定種をいくつか組み入れていただきたい。

僕は決してF1を否定しない。一億二千万の日本人を養うためには、F1は欠かせないと思っている。しかし、それはあくまで市場流通を目的とした産地経営の視点での話だ。自給用野菜、家庭菜園の世界には、別の視点、別の価値観を持っていただきたいと思う。毎日野菜の顔を眺め、声をかけ、収穫し、できればそのタネを採り、またそのタネを播く。すると野菜が友だちになり、家族の一員になる。それは「食の安全安心」のためではない。そのタネは、あなたが亡くなった後も、家族の手によって採り継がれ、子孫の体の一部になるかもしれない。もしそうなったら、そのときあなたは永遠の一部になるだろう。

ここでは野口種苗研究所のホームページで公開してきた文章のうち、家庭菜園をされている方々の参考になりそうなものを掲載する。

1　家庭菜園は固定種がいい

F1の量と固定種の質

現在、種苗店や園芸店、ホームセンター（HC）などで販売されている野菜のタネは、そのほとんどがF1です。F1とは、一代雑種（種苗業界用語では一代交配種）の略で、文字通り一代限りの雑種（英語ではハイブリッド＝hybrid）のことです。遺伝的に遠縁の系統をかけ合わせて作られた雑種は、もとの両親より生育が早くなったり、大柄になったり、収量が多くなったりすることがあり、この現象を「雑種強勢（ヘテロシス＝heterosis）」と言います。「雑種強勢」が働くよう、雑種にされて販売されているタネがF1です。F1種の登場により、日本の野菜生産量は増加しました。雑種化する前の昔のタネ（固定種。F1の両親が遠縁の二系統なのに対し、両親とも同じ単一の系統なので、タネ屋の業界では「単種」と言うこともあります）からF1への変化は、生産性の向上という点で画期的な出来事でした。

固定種時代の「日本ほうれんそう草」は、九月彼岸頃にトゲのある三角形のタネを水に浸けてまいてから、およそ三カ月かかって育ち、お正月頃に食べる冬野菜でした。根が赤くて甘く、生食できるほどアクがなくておいしいのですが、葉は薄く切れ葉で、ボリュームがなく、寒くなると地面に張り付くように広がって、収穫に手間のかかる野菜でした。それに比べると東洋種と西洋種の雑種であるＦ１ホウレンソウは、春や夏も周年播くことができて、わずか一カ月で出荷できる大きさに育ち、丸い葉は厚くて大きく、立性で収穫しやすいうえ、丸粒に改良されたタネは機械で播くことができるなど、農業の効率化に貢献しました。このようなＦ１ホウレンソウの登場により、私たちは一年中ホウレンソウを食べられるようになりました。

ただ、成育期間が短くなった結果、細胞の密度が粗くなり、大味になって、「紙を食ってるようだ」と言われるほど、まずくなったのも事実です。おまけに葉緑体による光合成の期間も短いので、葉に含まれるビタミンＣなどの栄養価も、固定種の五分の一から十分の一に減ってしまいました。

周年栽培や収量の増加、そして省力化は、営利栽培にとって何より大切な要素です。しかし、味の低下や栄養素の減少は家庭菜園にとっては大きなマイナスです。自分や家族の健康のための家庭菜園ならば、ホウレンソウは、栽培容易な秋から冬に育て、旬の冬においしく食べる固定種の「日本」や「豊葉」や「次郎丸」のほうが向いています。ベト病が多発して、ホウレンソウを無農薬で作りにくい夏の家庭菜園向きの葉物なら、病気も虫もつかず、栄養豊富な「空心菜」や「ツルムラサキ」「モロヘイヤ」「ヒユナ」などがあります。

一斉収穫か長期収穫か

雑種の一代目は、メンデルの遺伝の法則によって、両親の対立遺伝子の中の優性（顕性）形質だけが現れて、劣性（潜性）形質は隠れてしまいます。できた野菜はほとんど同じような形状に揃って、個体差がありません。工業製品のように均一に揃った野菜は、箱詰めして出荷する際、規格外として捨てられてしまう生産ロスを少なくします。形や大きさや重さを規格通り揃え箱詰めされた野菜は、買い付けて販売する流通業者にとっても、いちいち計量する手間が省けて便利です（固定種の時代の野菜は、大きさがまちまちだったため、重さを量って一キロいくらで販売していました）。

そのため、大手市場に出荷するために共選する野菜産地やＪＡが農家に指定するタネは、Ｆ１に席巻されてしまいました。Ｌ・Ｍ・Ｓなどの規格優先で、市場に届いた野菜が、表示された規格通りちゃんと揃っていることが、産地の評価に直結する時代になりました。またＦ１は一週間ずつ時期をずらして播けば、一週間おきに播いたタネがすべて一斉に出荷できます。収穫した野菜を規格ごとに揃える必要がなくなったのは、農業の省力化にとって何よりの福音でした。

「雑種強勢」で生育速度が早まったうえ、メンデルの法則で個体差なく成長するようになった野菜は、畑を早く空にして次のタネを播くという土地の効率利用を可能にしました。限られた土地を年に何回転できるか計算できるということは、経営計画が立てられるということですから、F1が日本農業を近代化したと言ってもいいでしょう。

逆に家庭菜園にとっては、播いたタネがすべて同時に収穫期を迎えるということは、大変困ったことになります。野菜の成長速度イコール老化速度でもありますから、収穫が遅れた野菜は硬くなったりスジばったりして、おいしく食べられません。そこで近所や親戚に配って回って、またタネから播き直しをするはめになります。その点固定種は、同じ両親から生まれた兄弟でも、背高のっぽやおちびさんや太っちょがいるように、個体差がありますから、生育速度に幅があります。

早く大きく育った野菜から収穫していくと、晩生《おくて》の子が空いた隙間で成長するので、畑に長く置けて、野菜本来の味を長期間楽しめます。

固定種は自家採種で強くなる

種苗会社の生存競争は野菜産地のシェア争いです。産地を多く獲得した品種が売り上げを伸ばし、経常利益を確保して経営を安定させます。家庭菜園相手の売上など微々たるものに過ぎません。ですから、産地の要求に合わせたF1品種の改良は日夜欠かせません。産地では一年中同じ野菜ばかり作っていますから、連作障害を防ぐため、まず畑やハウスの土を土壌消毒して更新します。産地での野菜作りは、毎年、クロールピクリンなどの土壌消毒剤の毒ガスで細菌や線虫、雑草のタネや虫の卵など、有用微生物も含めて生き物を皆殺しにする作業から始まります。ガス抜きしたら化学肥料を混和して、消毒されたF1のタネを播きます。

芽が出たら予防のための農薬を定期的に噴霧し、それでも虫や病気が出たら、それぞれの特効薬で防除します。これが産地の慣行農法です。ただ病害を防ぐため常に農薬散布をしていると、病原菌がどんどん耐性を獲得して強くなったり、外国から新しい病害が侵入してくることもあります。こうなると既存の薬剤は効きません。

また最近の低農薬化の風潮で、F1のタネそのものに新しい病気への耐病性を持たせる試みも始まっています。遺伝子組み換えなどの技術で、細菌やウイルスが増殖できないようにしようという方向です　最近のF1新品種開発の目的は、産地で常に発生する新病害への抵抗性品種の育成であると言っても過言ではありません。その結果、「家庭菜園用」とわざわざ表示してあるF1のタネというのは、実は産地で使われなくなってしまった、ちょっと昔の耐病性F1品種だったりしています。

ところで「F1は病気に強い」とよく言われますが、本当にそうでしょうか。

F1の両親のそれぞれは、実は単純な遺伝子しか持っていません。多様性を持った多くのタネの中から、たった一個体ずつが増殖されたクローン間の雑種と思っていいでしょう。遠縁の、遺伝子が単純化されたクローン同士だから、雑種強勢が働いたり、生まれた雑種の子が均一に生育します。ある病気が産地に蔓延すると、その病気に耐病性を持つ因子を片親に取り込み、雑種になった子供にも発現するようにしたのが、耐病性F1タネで、耐病性を持っていない病気になると、固定種よりもろくなります。固定種は日本に伝来する以前に世界中を旅してきていますから、世界中のさまざまな病気の洗礼を受けており、その過程で、さまざまな病気に対する免疫を獲得した個体が含まれていることが多いのです。

例えば、一九七九年（昭和五十四）に北海道農業試験場が発表した「フラヌイ」というF1玉ネギは、固定種の「札幌黄」の中から乾腐病抵抗性を持つ一系統「F316」を選び、その花粉を、アメリカから導入した、ある程度乾腐病抵抗性を持つ雄性不稔玉ネギ「W202」にかけたF1なので、普及当初は乾腐病の発生が抑えられていました。しかし、乾腐病病原菌も生き残るために変異を重ね、しだいに「フラヌイ」を侵すようになりました。そのため、七年後の一九八六（昭和六十一）年、「札幌黄」の別系統「OPP-1」を選んで、再度雄性不稔の「W202」にかけたところ、新しくなった乾腐病に抵抗性を示すF1「ツキヒカリ」が生まれました。このように、F1が病気に強いと言っても、親に選ばれた固定種が持っていた耐病性以上に強くなるわけではありません。

これに対し、固定種は自家採種が繰り返されたことにより、地域で変異を重ねた病害菌にも抵抗性を獲得してきました。つまり固定種は気候風土に合わせ、どんな病気にも対応できる可能性を秘めています。地域外から固定種のタネを取り寄せ、栽培開始した初年度はあまりうまく育たないものが多くても、栽培した中で一番良くできた野菜から自家採種し、そのタネを翌年播くと、どんどんその土地に適応して、無農薬でも、時には無肥料でも、病気にかからず大きく育つ野菜に変化していきます。

固定種のタネは、選抜と自家採種によって、土地に合ったタネを産み、土地がそれをまた新たに育んでくれます。固定種のタネを販売するとき、お客様がタネ採りすることを嫌がらないようにしたいです。F1育種が隘路にはまったとき、そのタネが日本の農業を救う日が来るかもしれないのですから。

2 交配種（F1）と固定種の作り方

単なる雑種と固定種は違う

F1誕生以前の植物のタネは、すべて固定種として育成されてきました。そのため、すべての在来種のタネは固定種であると言ってもいいわけですが、たとえ伝統野菜とか地方野菜と言われる分野の野菜でも、形質が一定していない（固定されていない）野菜は、単なる「雑種」に過ぎません。これらは固定種と呼ばれることはなく、プロのタネ屋の販売対象ではありませんでした。タネ屋にとってF1が生まれる以前は、本物の固定種だけが販売価値があるタネでした。

先日、長崎の岩崎さんという方の畑で、「女山三月大根」という赤大根の畑を見せていただいたのですが、葉の色が赤いのあり、緑のあり、中間いろいろありと、見事にバラバラで驚きました。「これは全然固定されていませんよねぇ」と言ったのですが、「最初に地元のタネ屋から買ったときは、もっとひどかったんですよ」ということでした。たぶん中国の赤大根と日本の地大根との自然交雑で生まれた雑種で、地元の農家さんから買い上げて、そのまま販売しているのでしょうが、赤い葉が本当の姿なのか、緑のがそうなのかわからない。これでは品種名をつけてタネ屋が販売するのにはまだ無理があるなと、思ったことでした。

新たに品種名をつけるだけの、独自に固定された形質を売り物にするには、優良な母本を維持するための原種選抜と、毎年逸脱した株をタネ採りから排除する淘汰が欠かせません。うちの「みやま小かぶ」は「これでも小カブですか」と種苗会社の人が驚くほど、大きく育っても玉が割れません。オーストラリアで播いた現地の人が、「こんな美しくおいしいカブに初めて出会った」と言ったと伝えられるほど、完璧な形状と味で、固定種時代の日本の小カブの完成品と自負しています。

みやま小かぶは最初の原種を手に入れてから三年間母本選抜し、ひとまず固定してから品種名を日本種苗協会に登録し、以後五十年にわたって選抜淘汰の作業を続けてきました。ただ、長期にわたって形質を固定し過ぎたため、最近十数年はすっかりホモ化して生命力が衰え、採種量が激減してしまいました。これではいけないと、三年前あえて目をつぶって一年だけ選抜を休み、播いたタネすべてからタネを採ってみたのですが、その年から驚くほど採種量が増加して、品種の生命力が復活しました。半面、陰に隠れていた劣性因子も発現したようで、一、二割ほど形状の良くないカブも出るようになったので、現在再び一〇〇％「みやま小かぶ」となるよう追い込んでいる途中です。

どんなに容赦なく追い込まれ衰えたように見えていても、固定種が内在する遺伝子の多様性と、残された命を爆発し漲らせようとするタネの力のたくましさ、すばらしさに、ほとほと感心している昨今です。

メーカーにとって利益が出るのは毎年確実に売れる交配種だけで、「貴重な原種だから」と固定種を維持しようとしても、人件費などで一品種当たり約百万円もかかり、正規ルートで種苗店に売れるのが数万円単位。何年か使って種苗店に売れなくなったヒネ種を、スーパーなどに並べる置きダネ屋向けに全量ディスカウント処分しても、まったく採算がとれないそうです。

従って、海外採種で原価も安くなり、大量に送られてきてしまう交配種を、交配種などと表示せず（一般の家庭菜園の人はF1という言葉も知りません）、原価が下がった分、安く小袋詰めして少しでも多く売ったほうが、在庫を圧迫せずロスも出ないそうです。そう言えばここ一、二年で「F1」や「〇〇交配」と、袋やカタログに表示している大メーカーが、だいぶ少なくなってきました。

一般農家や家庭菜園の人が、日常使っている交配種や消えつつある固定種への理解がより深まるよう、また自家採種をしてみたいという方にも参考になるように、当店のメーン採種品のカブを例にとって、交配種（一代雑種、Ｆ１）と固定種の作り方を紹介します。

珍しいカブ（アブラナ科野菜）を見つけたら

まず、この「珍しいカブ」とは、「外国産など地域外の珍しいカブ」のことではなく、「自分の畑で作っている見なれたカブの中に、自然交雑か突然変異で見たこともない変わったカブ（俗に「オバケ」と言っていますが）が出現したら」ということ。アブラナ科の固定種の採種しかしていない当店なので、まずは身近なアブラナ科野菜の小カブと小松菜を例に、固定種と交配種の育種方法の違いを説明します。カブと小松菜だけでなく、菜の花の咲く野菜ならどれにも共通する話なので、もし「カブも小松菜も嫌いだ」という方がいたら、白菜なりチンゲンサイなり、お好きな菜っ葉に置き換えて読んで下さい。

小カブを筆頭に、固定種野菜の採種を続けている当店にとって、一番怖いのが他のアブラナ科野菜との交雑です。小カブのタネを播いたはずなのに、小松菜が生えてしまったら、翌日からはタネ屋として生活できなくなってしまいます。交雑を防ぐために、山の上の小さな集落で、「他の菜っ葉類の花を咲かせないよう」集落全部の人にお願いしながら、一地域一品種ずつのアブラナ科野菜のタネを採種していますが、それでも数万株に一株ぐらいオバケが出ます。

こぢんまりしたカブの葉の中に、一目でわかる雑種強勢で、勢いよく伸び上がっているものは、集落の人が畑に取り残して花を咲かせてしまった結球白菜との交雑株です。出来損ないの不細工なカブの根の上に、野生化した山東菜のような葉がくっついているという形状がほとんどです。こういうものは小カブの母本選の際、何も考えず抜き捨てるだけなのですが、今までに一度だけ「これは！」と驚いた、見事な「新種野菜」と言っていいようなオバケに出会ったことがあります。

それは雌の小カブに雄の小松菜の花粉がかかった、「小松菜カブ」と言っていいようなもので、カブは大きく見事な豊円形で、葉は均整のとれた黒葉の立派な小松菜でした。異種交雑の当然の結果、発現した雑種強勢の恩恵を受けて、葉軸は太く締まり、豊かな葉先を持っており、振り回してもびくともしません。

僕は「これ、使えるかもしれない」と父に言い、「ただ、味はどうかな？」と、かじってみたら、これがいい。鉢上げして隔離栽培し採種してみてもよしと、家に持ち帰ってみました。

その後、母本選ではねられた小カブの山の隣に置いておいた「それ」は、何も聞かされていなかった母によって処分されてしまいました。はねだし小カブと一緒に近所に配られたか、小カブにまぎれて調理され、味噌汁の実になってしまったか？　翌朝気が付いたときには、消えてしまっていました。あれから二十数年。「どうせまたいつか出会えるだろう」との思いは、見事に空振りで終わっています。自然交雑であんな見事な新種の萌芽に出会えるなんて、多分めったにない僥倖《ぎょうこう》だったのでしょう。

「もしあの小松菜カブが今手元にあったら、どういう方法で育てれば新種を生み出せるのか？」そこで、その後に得た知識をもとにシミュレーションしてみることで、一般的に売られているタネの成り立ちを、わかりやすく解明してみようかなと思いました。

ひとりごとですが、当時「これからはF1を扱わないと食っていけなくなる。でも、うちには小カブしか素材がない。うちのカブにかけ合わせるいい素材がないかな」と、思っていました。しかし、もし、この小松菜カブが手元に残っていたとしても、財力も技術力もない当店の力では、F1新品種として世に問うことはできず、珍しい地方品種＝固定種＝として細々と売るだけだったと思います。

固定種としての育て方

この偶然生まれた「小松菜カブ」を隔離して育て、この一株だけでつぼみ受粉させます。そして採れたタネを播くことを繰り返すと、母親である「みやま小かぶ（純系固定種）」と、父親である「小松菜（詳細不明）」に分かれるとともに、メンデルの法則に従って、その中間型の小松菜と小カブの雑種が、葉型もカブの形もさまざまな雑駁な姿で現れます。

「小松菜カブ」を固定種として育てる場合、これら子・孫世代の中から、どう見ても普通の「小カブ」や「小松菜」と思われるものを取り除き、育種目標にかなったものの選抜を繰り返していきます。

具体的には、まず栽培初期に小カブの葉を持つものを抜き取ります。次に、残った小松菜の葉を持った個体の中で、根がいつまでも太らないものを取り除きます（捨てずに食べてみて、親である小カブと小松菜の味をよく覚えておきましょう）。残された小松菜の葉で根がカブのように太るものの中から、カブ形状が良く生育が順調なものを残しながら、葉が横に開くもの、立ち上がるものなど、特色のある葉型を数種類残し、徐々に間引いていきます（この間引き菜ももちろん食べます。生で、サラダで、お浸しで、浅漬けで、味噌汁で、煮物で……食べているうちに、葉型や葉色、カブの肌、生育の早さや草勢の大小などの違いが、食味にどう影響しているかがわかってきます）。

農薬はなるべく使わずに、虫や病気のつき具合も観察しましょう。もしかすると、根こぶ病抵抗性因子やウイルス抵抗性の株が発見できるかもしれません。でも、気象条件などで、特定の虫や病気で全滅しそうになったら、迷わず農薬を使いましょう。このタネは、かけがえのない、世界でただ一つの品種を生み出す母体なのですから。

こうして、味、葉型、病虫害を視野に入れて残した株を、十一月から十二月に全部抜き取り、土の中のカブ根の形を調べて、玉割れや尻こけなど残したくない形質を持ったものを除き、数十株程度の原々種用母本を選んで四、五十センチ間隔で畑に植え付けます。

原々種用母本に実ったタネは、面倒でも一株ずつ別々に採り、それぞれに名前をつけておきます。以後、この一株ごとに前述の作業を繰り返します。親株が増えてくると管理が煩雑ですが、親によって極端にタネが採れない（実入りが悪い）ものとか、長雨に遭うと病気で全滅してしまいそうになるものなど、タネとして致命的弱点を表すものが時にあるので、こうしたものは早いうちに容赦なく切り捨てます。

こうした作業を数年繰り返すと、やがて、最初の両親だった小カブも小松菜もまったく出なくなり、播いたタネ全部が小松菜の葉と小カブの根を持った「小松菜カブ」となって、カブの形状もおのずから一定してきます。ここまで固定できれば、固定種「小松菜カブ」は、ひとまず完成です。

固定した小松菜カブの中に、特に生育の早いものがあれば「早生」、カブが大きく育っても玉割れや肉質が劣化せずトウ立ちの遅い個体が見つかれば「晩生」、葉が小振りでトンネル栽培に向いていると思えば、「覆い下」などと名付け、栽培方法別に品種のバリエーションを増やすこともできます。

採種量が増えてきたら、友人知人に配り、違う土地で試作してもらいましょう。沖縄の暑さに強かったり、北陸の雪の下でも育ったり、思わぬ特徴が見つかったりもします。形状の違いというおもしろさだけで取り組んだ小松菜カブですが、味覚上も小カブにない個性が出れば、加工方法次第で地域の新しい産物が生まれるかもしれません。どなたか小カブと小松菜を並べて播いて、チャレンジしてみませんか？

交配種の作り方

さて、今度は「小松菜カブ」を大手種苗メーカーが見つけ、素材としておもしろいと思ったら、絶対交配種のＦ１にするでしょう。次にその手順を説明します。交配種は一代雑種という本来の名称の通り、「雑種強勢」という生命が持つ不思議な仕組みによって、雑種一代目の子に限って異なる両親の優性因子だけが現れ、均一で強い性質を示すという現象を利用した育種法です。

両親の距離が遠いほど雑種強勢は顕著に現れます。優性因子だけが現れるのはその子一代限りですから、交配種からタネを採っても同じ作物はできず、それどころか孫の代には陰に隠れていた両親の劣性因子が顔を出して、外観も食味もバラバラになってしまいます。従って交配種でできた作物を気に入った人は、以後毎年そのタネをメーカーの言いなりの値段で買い続けなくてはなりません。ヒット品種を生み出せば、何十年も利益を約束してくれる交配種は、メーカーのドル箱です。ですから種苗メーカーは、ありとあらゆる作物を交配種にするための努力を重ねています。

数年前には無理と思われていたキク科やマメ科の植物まで、交配種にできるメドがついています。これは雄性不稔因子の利用や遺伝子組み換えという科学技術の発達によるものですが、ここではそれら最新技術の前段階の、日本の種苗メーカーが独壇場としてきた「自家不和合性」利用の交配種作成法を踏襲してみます。

カブも小松菜もアブラナ科に属しています（もともと小松菜の祖先は、ある種のカブから分かれたのだろうと言われています）。アブラナ科野菜は自家受粉を繰り返すと、「自家不和合性」という、自分の花粉で受精しなくなる性質があります（近親結婚を続けていると子供が生まれなくなるようなものです）。

「小松菜カブ」を交配種として育てる場合、この雑種の生みの親となった両親であるカブと小松菜を、完全な純系にして、自分の花粉ではタネが実らないよう、自家不和合性を発現させるための自家受粉を繰り返す作業をしていきます。

まず必要なのは自家不和合性を持たせるべき両親の選択ですが、「小松菜カブ」の場合、カブの採種畑に飛び込んだ小松菜の花粉によって生まれたことがわかっていますから、純系のカブをタネを実らせる母親として育て、純系の小松菜を父親役（花粉親）にすればいいわけで、この選択は簡単です（母親も父親も育て方は同じで、最後の採種時にどちらを残すかだけの違いです）。

偶然の交雑でできた「小松菜カブ」から採れたタネを播き、固定種のときとは逆に雑種はすべて捨て、最も純系のみやま小かぶと、純系の小松菜と思われる株を選び、隔離して育てます。それぞれの菜の花が開花する前に人為的につぼみを開き、自分の雄しべの花粉で雌しべが受精するよう、花粉をつけてやります。

小さな花ですから、毎日細かい作業で大変です。受粉した花には、万が一、他の菜の花の花粉が飛び込まぬよう、袋をかぶせます。こうして菜の花の季節は、来る日も来る日も自家受粉を繰り返します。何年か自家受粉を繰り返したカブと小松菜には、「自家不和合性」が生まれ、開花しても自分の花粉では受精しない（タネをつけない）ようになります。これで両親が完成します。

次に、完成した両親のタネを、畑に並べて播きます。自分の花粉では受精しないカブと、同じく自分の花粉では受精しない小松菜が育ちます。やがてまた菜の花の季節になり、ハチやアブが菜の花の蜜を求めて飛び回り、花々を受精させてくれます。こうしてできたタネは、自家受精しなくなったカブと小松菜ですから、カブの母親（雌しべ）に小松菜の父親（花粉）がかかったものと、小松菜の母親（雌しべ）にカブの父親（花粉）がかかったものの二通りです。しかし、本来必要なのは、カブの母に小松菜の父だけですから、小松菜（雌）にカブ（雄）がかかったものはいりません。ですから、タネの受精が確認された段階で、小松菜（雄）のほうは、すべて踏みつぶしてしまいます。

こうして、目的の「F1小松菜カブ」のタネが採種できました。一代限りのF1の特徴として、双子のように揃いが良く、雑種強勢効果で生育旺盛です。初めて小カブの採種畑に出現して僕を驚かせた当時そのままに丈夫です。葉軸も太くガッシリしているから、カブ洗い機の噴流にかけて束ねても葉が折れず、スーパーの店頭での日もちも見栄えも抜群です。Ｆ１は農家に自家採種されても、次の代には隠れていた劣性遺伝子がワラワラ出現して、育ちも形状もバラバラになってしまうため、タネは毎年買ってくれるし、めでたしめでたし。

と言っても、実は大きな問題が残っています。それはもとになる両親を維持するのに半端じゃない手間暇がかかることです。大量に販売種子を採るためには、大量の両親のタネが必要です。それらは「つぼみ受粉」でしか実らなくなっていますから、膨大な人手を雇って、つぼみをピンセットで開いて、雄しべの花粉を雌しべにつけてやらなくてはなりません。こうして大量に親を作っても、採れたタネが思っていたほど売れなかったりしたら、何年もかけて投下した金は羽が生えたように消えてしまいます。

今回は幸い「みやまカブ」にかかった「小松菜」という、両親が決まっているものだったからまだいいですが、両親探しから始めるとなると、膨大な品種の組み合わせの試験交配から始めなければなりません。

両親を特定するだけで何年もの時間と、のべ数何百人もの人手を要することになり、もしかすると、それだけで億単位のお金がかかるかもしれません。交配種時代になって採種事業が大手メーカーの独壇場になったのは、品種集めと試験交配という初期投資に大金が必要だからなのです。

　幸い「交配種は高価なもの」「タネは高くても買うもの」という認識が定着しましたから、値段だけは言い値でつけられますが、このご時世、経費を減らさないことには利益を増やせません。

「採種は海外のブローカーに任せることにしよう。昔は怖くてF1を海外生産するなんて考えられなかったが、トップのタキイさんがはじめ、あれだけ利益を出しているのだから、やらない手はないよなあ。ただ、目が届かなくて小松菜の♀のほうをブルでつぶさずに、必要なカブの雌のほうをつぶしてしまったら、全然違うものができちゃうから、もし産地に損害賠償でも要求されたら、うちがつぶれちゃうなあ。よし、よそと同じように、入荷してきた年はすぐ売らずに、一年試作してみて、交配ミスがないかどうか確認したものだけを売ることにしよう。タネの寿命は一年縮むが、かえって残ったタネを翌年使おうという気もなくなるだろうからちょうどいいか」と、まあこんなところが現状のはずですが、最近はまた新たな動きの胎動を聞きます。

　今話題の遺伝子組み換えによるアブラナ科の育種です。自家不和合性が出現するまで、何年もつぼみ受粉を繰り返すなんて、時間も人手も無駄な話です。細菌の遺伝子を植物に組み込むことだってできるのだから、他の植物で見つかった「雄性不稔因子」を、母親に組み込んでしまえば、自分の花粉は受精能力を持たないわけだから、そばに目的の父親

（花粉親）株を植えておけば、何もしなくったって、F1ができる。

ついでに除草剤耐性因子をマーカーとして組み込んでおけば、芽生えたときに除草剤をかけてみれば、組み込めたかどうかの検証も早くできる。ついでに小児アレルギーなどの原因物質を無力化する遺伝子を組み込めば、健康にもいいと宣伝できて、遺伝子組み換え反対運動の気勢もそげるし、一石三鳥、という思惑です。すでにタキイ種苗では、カブや小松菜と同じアブラナ科で、雄性不稔と除草剤耐性因子を組み込んだブロッコリーやカリフラワーの遺伝子組み換え体の開放実験を始めているそうですから、あまり遠い未来の話ではありません。

おわりに

「おたくが勧めるニンジンは、野ネズミがかじるので困る。向陽二号ならネズミがかじらない」

「タネを買って帰ったら、甲州トウモロコシがサルに食べられていた。ところが、隣の家のスイートコーンは、一口かじってぺっと吐き出して捨ててあった」

「T社から委託されているF1キャベツの採種ハウスにサルが入って、葉を食べられた。でも、食べられたのは花粉親の雄株だけで、タネ親の雌株には手をつけなかった」

これらはうちのお客様たちから聞いた生の声だ。

ネズミやサルなどの野生動物は、何を感じとって、野菜を選んでいるのだろう。食べなかった野菜は、どれも雄性不稔という技術を使った、F1品種ばかりだ。

一九二五（大正一四）年にアメリカで赤玉ネギの中から発見された雄性不稔株は、その後トウモロコシ、ニンジン、テンサイ、ヒマワリなど多数の植物で見つかり、花粉がないため、雄しべを取り除く必要がなく、タネ親を盗まれる心配も少ないことから、販売用タネに利用されてきた。

アメリカから日本に伝わった雄性不稔利用技術は、日本独自の野菜であるネギでまず雄性不稔株が見つかって、F1品種が誕生し、以後、イネやシュンギク、レタス、シシトウ、大根、キャベツなどに広がっている。やがて市場に並ぶすべての野菜が雄性不稔によるF1品種になるのは間違いない。

僕は、アメリカやヨーロッパで二〇〇七（平成十九）年に起こった蜂群崩壊症候群（CCD）も、受粉のために雄性不稔の蜜やローヤルゼリーを与えられて育った女王蜂に継代して蓄積され、やがて無性生殖で女王バチの遺伝子しか持たずに誕生するオスバチが無精子症になり、子孫繁栄の役目を担って無償の本能で働いていた雌の働きバチたちが、巣の未来に絶望し、自らのアイデンティティを失って、巣を見捨てて飛び去ったのではないかという仮説を立てている。ミツバチで起こったことは、きっと人間でも起こるだろう。

ある本によると、最初のF1玉ネギのタネがアメリカで発表されたのは一九四四（昭和十九）年だそうだ。同じ年に生まれたタネ屋の息子が、このような本を出すことになったのも、おもしろい巡り合わせのような気がする。

この本は、僕の講演をお聞きになった日本経済新聞編集委員の工藤憲雄さんの発案で生まれました。工藤さんは、僕の話を何回もお聞きになり、テープに起こし、ホームページもすべてお読みいただいて、難しいタネの話をわかりやすく構成してくださいました。それを読みやすくまとめてくださったのが日本経済新聞出版社の桜井保幸さんです。お二人がいらっしゃらなかったら、この本は誕生しませんでした。心より感謝申し上げます。

先日、僕の講演を聞いてＦ１から固定種に切り替えた若い農家の方に聞かれました。「野口さん自身は、雄性不稔とミツバチの因果関係を、どれくらい信じているの？」と。「七五％」と答えました。この本で引用した事実から考えられる推論だけで、残り二五％を埋めるデータが何もないのだから当然です。この本が刺激となって、ミトコンドリア異常の植物を食べた動物への影響という研究が進むことを願っています。そして、もし影響が何もないことが証明されても、僕は、今までと変わらず、命ある限り固定種だけを売り続けているでしょう。『タネが危ない』のは、植物にとって全く変わらぬ危機なのですから。

最後になりましたが、ただでさえご多忙中の菅原文太さん、木村秋則さんに推薦のお言葉をいただけたこと、身に余る光栄でした。また図版の引用を許可してくださった多くの皆様、本当にありがとうございました。

野口　勲

生命のことをずっと考えてきた人

菅原文太（俳優、農家）

埼玉県飯能市の小さなタネ屋の主、野口勲さんの風貌は、グリム童話に出てくる靴屋の親父を彷彿とさせる。善良で勤勉、酒飲みで知恵がある。

その知恵で、野口さんは農業のこと、タネのことだけを考えてきたわけではない。野口さんが考えてきたのは何よりも「生命」のことだ。人の生命だけではなく、生きているものすべての、かけがえのない生命のことをずっと考えてきた。

第二次世界大戦に敗れて以来、生命を尊ぶ社会はこの国では影を潜めた。餓死者こそないものの、自殺者や交通事故死の数は、数えることすらためらわれるほどの数である。BSE、口蹄疫、鳥インフルエンザが発生したとなると、人間の生命だけが大事とばかり、大量の家畜の殺処分を命じる政治行政の無機質な感覚に、誰も表立って異議をとなえることもない。一方、都会では、ペット犬を溺愛する老若の姿が微笑で受け入れられ、また朱鷺の繁殖に一喜一憂する風潮には、生命の尊厳を深く考え、深く思うことのなくなった社会の底の浅さと危うさとが見え隠れする。

だからこそ地方都市の小さなタネ屋、野口勲さんが在来種、固定種のタネを守ることの大切さについて控えめな口調で語り続けてきたことが、心を打ち、深く共感を呼ぶのだ。

野口さんの精神は、詩人であり、タネ屋の二代目を継いだ父上、野口家嗣さん譲りかもしれないし、手塚治虫さんの漫画の編集に携わってきた中で、手塚さんの影響を受けて育んできたのかもしれない。いや、北関東の在来種である野口さんのタネについての信念と哲学は、日本人すべてが、風土を愛する中で、本来脈々と受け継いできたはずだ。東北の在来種の私には、この歳になるとそのことが一層尊く思われる。

野口さんのタネの哲学

木村秋則（リンゴ農家）

野口さんと初めてお会いしたのは、私の地元の弘前で、二〇〇七年一月のことです。第一印象はあのくりっとした大きな目でした。探求心にあふれ、曲がったことが大嫌いと目が言っています。未来を見通すような目でした。

手塚治虫さんが、虫プロに入った野口さんを有能な編集者として認め、鉄腕アトムが大人になったときの漫画のモデルにしたという逸話を聞いたことがありますが、なるほどと思いました。野口さんの固定種のタネには火の鳥や鉄腕アトムの感覚がどこかに宿っている。

固定種のタネを未来につなごうと全国に講演に歩くのも、自然栽培を広める私と同じで、農業を良くしていこうという共通点があります。野口種苗研究所というとすごくドーンと構えた研究所のイメージがありますが、私が全国で紹介するときは、それに「資本の関係で研究所は小さいんですよ」と冗談を言います。

目立たない地味な存在ですが、小さな店でやっていることは桁外れなことをやっています。全国にいや、世界にタネの大切さと危機感を発信することです。

欧米大手の種苗会社や化学会社からすれば、無肥料、無農薬の私と同じで煙たい存在かもしれない。野口さんのタネの世界も私の自然栽培の世界も一％にも満たない存在ですが、野口さんの取り組んでいる「未来に健全なタネを残す」活動をぜひ、日本の大手種苗会社も真剣に考えていくべきではないでしょうか。

遺伝子組み換えの作物について、これほどの人口の食料を賄うために必要なことかもわかりませんが、あまりに人間の知恵が自然界を操作し過ぎる行為に私は感心しない。行き過ぎるときっと悪い面も出てくる。鉄腕アトムが真っすぐな人間の心をもって科学文明の隘路に直面していく、その葛藤が現代の払うべき暗雲です。野口さんはタネの哲学を通じて警鐘を鳴らし続けているのです。

植物はよくできています。自然界のあの大根やニンジンのタネを見れば、この小さきものの中に、あれほどのプログラムが組まれているということは驚きの一語です。人間はこのタネの偉大さを謙虚に学ばなければならない。人間は今、そのプログラムを悪用しているのではないでしょうか。

私のリンゴ栽培は、自然界のお手伝いをするだけ。手を加えるということは、利益を求めること。それは人間の欲につながり、前へ前へと未領域へ手を伸ばして、その前へが一歩間違うと二度と戻れない世界に行き着くことになるかもしれません。

実生《みしょう》といって接ぎ木や挿し木に寄らない昔のリンゴは、タネから生えた芽が出て育ったその実に病気はなかった。今の品種は、農薬なしでは不可能と言われるほどあまりに農薬に頼り切っている。品種改良の結果、弱いものが育ったのかなと思ったりします。

これは人間がよりおいしく、より大きな果実を求めて品種改良をしてきた結果です。いいところだけを取り出していくと、当然いい面も多いのですが、半面、例えば病気に弱いとか生産性が低くなるとか、そういう欠点を線路のようにどこまでも並行して持つようになります。人間が欲の追求ばかりしているとタネの世界が反逆するかもしれない。タネは小さいが「タネが世界を制する」と言われます。見えないところでいろんなことが行われているということは、恐ろしい気がします。

オーバーな話かもしれませんが、さらに温暖化が進んだときに大きな食料危機がやってこないとは限りません。

だから野口さんが取り組んでいることはすごく地味で目立たない存在だけれども、二十一世紀が進んでいく中で、ものすごく大事なことと思っています。雄性不稔によるF1種ではなく固定種を守り、命を絶やさない——アインシュタインの予言と言われるものに、「もしハチが地球上からいなくなると、人間は四年以上生きられない。ハチがいなくなると、受粉ができなくなり、そして植物がいなくなり、そして人間がいなくなる」というものがあります。野口さんが蜂群崩壊症候群（CCD）で仮説を立てていますが、国も真剣に原因を突き止めるべきでしょう。

野口さんの固定種のタネを家庭菜園をやっている人に強く勧めています。そのタネを播くと農業の楽しさがわかります。野口さんのタネを植えて育ったもののタネ採りをすると一番よく発芽するとたくさんの人から聞いています。野口さんの思いが詰まっているからです。

著者紹介

野口　勲（のぐち・いさお）

野口種苗研究所代表。1944年東京・青梅市生まれ。親子3代にわたり在来種・固定種、全国各地の伝統野菜のタネを扱う種苗店を埼玉・飯能市で経営。店を継ぐ以前は手塚治虫氏の担当編集者をしていたという異色の経歴を持つ。2008年「農業・農村や環境に有意義な活動を行ない、成果を上げている個人や団体」に与えられる山崎記念農業賞を受賞。主な著書に『いのちの種を未来に』（創森社）。

タネが危ない

2011年 9月 5日　1版1刷
2017年 10月 23日　12刷

著　者　野口　勲

発行者　金子　豊

発行所　日本経済新聞出版社

http://www.nikkeibook.com/

東京都千代田区大手町 1-3-7　〒 100-8066

電話　03-3270-0251（代）

DTP　マッドハウス
印刷　三松堂
製本　大口製本印刷

Printed in Japan　ISBN978-4-532-16808-7